当你
又忙又累，
必须
人间清醒

李尚龙 —— 著

人是改变不了
　　环境的，

唯一能做的，
是改变自己。

> 青春是一场伟大的
> 失败。
>
> 只有失败过的
> 青春，
> 才有特殊的意义。

> 越是寒冬的时候,
> 越适合闭嘴,
>
> 去读书学习,
> 去厚积薄发。

让自己变强，
　懂你的人，

　才会越来越多。

> 要和自己热爱的事情在一起,
> 哪怕现在还有一些距离,
>
> 奔向它,期待着美好,
> 永远不停歇。

> 你要做到
> 给自己一套
> Plan B(备用计划)。

> 无论我们信不信,
> 这个世界,
> 已经落到了我们这代人的手中。

序言

1.

某天我正在咖啡店里写东西,忽然看见一个男生蹲在地上抱头痛哭。他一边哭,一边扯着嗓子喊:"我说了不要冰,为什么不听?!为什么不听?!"

好多人上前围观,有人安慰,有人摇头。我起身看他,心碎了一地。

大城市里,压垮人的,往往不是大事,而是不经意的小事。我忽然想起一句话:当你又忙又累,必须人间清醒。

所谓人间清醒,是你在这个繁华的世界里,不迷失自我,不随波逐流,知道自己的定位,理性地工作和生活。

总结成一句话就是:无论过成什么样,都别忘了自己的目标。

我想起了自己的故事。有一段时间,我像上满了发条似的疯狂上课,从一个校区跑到另一个校区,从一间教室跑到另一间教室,又忙又累。那天下了课,已经是晚上十点,我走在魏公村附近的小道上,忽然感到饥饿,于是走进一家便利店,买了两个包子,低头吃了起来。我在便利店的玻璃窗上看见自己的影子,忽然感叹着,这男人真的是形单影只。想着想着,眼泪就要夺眶而出。

但我并没有哭,我知道这样疯狂地上课是为了赚钱,既然选择了劳动致富,没必要自怨自艾。于是我骑车回了家,先在楼下跑了两圈步,然后又把那天需要交的稿子写完了。

后来,每次这种可怜自己的情绪要出现时,我都会提醒自己,眼泪没有用,我需要人间清醒。而摆脱这种穷忙的唯一方式,就是提升自己,努力工作赚钱,积累初始资本,这样才有可能让自己以后不忙不累。

直到今天,我做到了。我出了好多本畅销书,自己的公司也越做越好,我不用再一味出卖自己的时间去赚钱,也能稍微舒服地生活了。

如今,我的生活里也会有不顺,还是会因为公司的事情又忙又累,但我时常会问自己:我的目标是什么?

所以,我很少有自怜的行为,无论多忙多累,都要清醒地知道，目标是什么，并提醒自己，应该怎么做才能达到那个目标。

2.

我是个写故事的人，写故事的第一条准则就是树立目标，故事里的角色如果没有目标，人物就没了意义，可是，看看身边，多少人活着活着，就没有了目标。

没了目标，人又很忙，这就很容易陷入穷忙。

这些年我一直提醒自己，大城市生活又忙又累是常态，在这个内卷的环境里，谁不忙，谁不累，但请一定记住，你想要什么。

如果我们仔细观察身边的高手，他们都有一个特点，就是永远盯着自己的目标，而不是对手。可是在又忙又累中，人们开始逐渐不清醒，情绪一上来，就离目标越来越远了。

前些日子，一个朋友想要创业，一直在找投资人。在一次项目会上，他把自己的项目讲给一个个投资人听，我陪着他，看着他一次次重复着自己的故事，看着他把每一个微笑和每一次激情都融在了他对这件事的表述中，我知道这件事多半可以成。

谁想到，那天特别有趣，有一个四十多岁的投资人提出了一堆问题,一边提问题,一边批评着这个项目,还说我的朋友做得并不靠谱。我在一旁,火气"噌"地上来了,因为他的很多质疑,都是朋友刚刚解释过的。

他继续发表着自己的拙见,直到我忍不住了,说:"大哥,你有仔细听人说话吗?"

朋友拍了拍我,耐心地一遍遍重复着。

后来,朋友还是找到了投资,不是这个人投的,而是一个在旁听的年轻投资人。再后来,我们一起吃饭,我问那个投资人为什么投。他给的理由是,因为我的朋友目标很明确,不会被情绪左右,他就想投这样的人。

后来,我问过朋友那天为什么不发火,他说,他是来要钱的,又不是来吵架的。不合适就走人,合适就多聊两句。他还开玩笑说:"我人间清醒,搞钱要紧。"

3.

很多人忌讳谈钱,但其实赚钱不丢人,站着赚钱是世界上最有尊严的事情。只要不违法,把目标设置为赚钱,多半都是人间清醒的选择。

但是要记得,除了赚钱之外,还要在生命中寻找到更宏大的目标，用一辈子去完成。

生命是个悲剧，我们知道它本无意义，但因为有了目标，在追寻目标的途中，生命才有了意义。

所谓人间清醒，无非就是没事儿多赚钱，有了钱勿忘诗和远方。

这是我三十岁后的第一本杂文集，祝大家阅读愉快。

目 录

PART.1 你讨厌的现在,藏着不够努力的曾经

- 2 当你又忙又累,必须人间清醒
- 16 分散风险,不让自己孤注一掷
- 25 毕业五年,决定你的一生
- 35 你不进步,就一定会被替代
- 43 脱离平台后的本事,才是自己的真本事

PART.2 不要假装努力,结果从不演戏

- 54 比失败还痛苦的事,叫从来没试过
- 59 没有退路,才有机会行万里路
- 68 奋斗是一种心态,与年龄无关
- 78 所有的死路,背后都是贫瘠的思路
- 87 越长大,越要去解锁更大的地图

95	永远不为颓废找理由
100	完成比完美更重要

PART.3　时代一直在变，你为何一成不变

110	时代一直在变，你为何一成不变
120	但凡热爱，总有意外
128	不给人生设限，才有无限可能
140	思维不僵化，才能千变万化
148	永远与最靠谱的人并肩作战
159	大的目标，需要小步的努力
167	向前走，莫回头
174	有些人需要走很久，才能到达心中的地方

PART.4　生活不是无休止的迁就

190	停下，是为了更好地出发
197	让自己变强，懂你的人才会越来越多

203　生命有其脆弱，不必故作坚强

212　时间从来不是朋友

218　没有退路，才有出路

229　不要用自己的标准去衡量世界

PART.5　时间会给每个人最公平的答案

240　把每一天当成最后一天去活

249　只有失败过的青春，才有特殊的意义

256　时间会给每个人最公平的答案

263　世上最遥远的距离，是"下次"和"改天"

271　拥有一个自己说了算的人生

276　虽然辛苦，请继续选择滚烫的人生

你讨厌的现在,藏着不够努力的曾经

PART. *1*

青春是一场伟大的失败。

只有失败过的青春,才有特殊的意义。

当你又忙又累，
必须人间清醒

1.

在接近三十岁时，我忽然发现，人越长大，越难交到新朋友。

长大意味着和过去熟悉的事物割裂，意味着和未来陌生的人说"你好"。

人越长大，越难敞开心扉，越难让新的朋友了解自己的过去，越难让自己走入别人的世界。

直到我认识了小A。

我们原来是同事，只是在不同的城市。

小A当年在英语培训圈子里很出名，许多学生为了上他的课，连续报两次他的班，仅仅为了听他英语课上夹着的几个段子。也有不少北京的学生，不远万里从北到南，仅仅为了在广州听一次他的课。

后来，我的名声也被这群学生从北京传到了南方，他也听说了我。

因为彼此欣赏，我们会在微博上互动，偶尔转发彼此写得好的内容，偶尔留言鼓励对方。

其实那个时候我根本没见过他，跟他互动多，仅仅是因为他的粉丝多，想蹭个热度。

我当时深知，职场第一法则就是不要跟同事做朋友。跟同事做朋友麻烦多，因为彼此有太多利益纠缠，把感情和利益放在天平的两端，到最后伤害的都是感情。

但我们当时的部门主管不懂，以为我跟小A是好朋友，主管害怕我的学生会不远万里跑去听他的课，影响自己的业绩。在一个下午，部门主管让秘书找我谈话，秘书对我说："李尚龙老师，领导说了，希望你不要再跟小A玩了，毕竟现在两个校区还有这么多利益牵扯。还有，尤其是不要总在微博上给他留言，更不能转发他的微博，这样容易让你的粉丝关注到他的微博。"

我摸了摸脑袋，说："那可以让他转发我的微博吗？"

秘书说："那倒是可以。"

可是过了几天，主管正式给我发了信息："尚龙，也别让他转发你的微博了,因为他转发你的微博能在你的微博转发那一栏显示他的ID。"

我一头雾水,这谁管得了?

但那时我毕竟年轻,二十出头,怕领导,于是我立刻回了信息:"好的,领导。"

说完,我就迷茫了,我也不知道该怎么跟这位素未谋面的朋友说这样一句荒谬绝伦的话。

于是那段日子,我没转发他的微博,没评论他的微博,只是默默地给小A老师点赞。

但万万没想到的是,微博在那年改版了,个人的主页面是能显示点赞者的ID的。

没过几天,主管再次找到我,说:"李尚龙,我再次警告你,你不要再跟他互动了!"

说完他发现也没什么可以威胁我的,于是又说:"你只要答应,我给你涨一级工资,每个小时的课时费多二十块。"

在金钱的压力下,我辗转反侧,彻夜难眠。小A跟二十块钱到底谁重要呢?我分辨不出来,也得不出答案。

恰好在第二天,我的两位好朋友尹延和石雷鹏因为早就受够了办公室政治,决定辞职了,那时我正在尼泊尔旅游,回国后我也交了辞职信。

我辞职后没几天,小A竟然来到北京。

那天,他给我发了条信息,我依稀记得,是晚上十一点多。

他说:"尚龙老师好,我刚到北京,不知是否有空,咱们喝杯酒,如果太晚,咱们就明天。"

不知怎么,我忽然有些激动,他这么晚到了北京,竟第一个给我发了信息。

我回:"太好了,我给你个定位,一会儿见。"

他说:"不会打扰你吗?"

我回:"我的生活,才刚刚开始。"

那是我第一次见到他,他拖了个行李箱,胖乎乎的,眼睛眯成一条线。

那天,我们在一起喝酒,喝得非常高兴,那是我们第一次见面,话语不断,频频举杯,最后酩酊大醉。

喝到情深处,我跟小A说:"我已经辞职了,但我要感谢你,是你让我打破了限制,成了更好的自己。"我一抬头,看见小A眼睛里晶莹剔透,他说:"我也辞职了。"

我们继续喝着,聊着梦想,我跟小A聊了很多我的打算。我说:"我想成为一名伟大的作家、一位知名的导演,我想写出感动时代的故事……"我一边说,一边还忽悠他也去写作,"如果可能,你也可以留在北京啊。北京是文化人的天下,这里都是一些奇怪的人、不合群的人，但也都是一些有才华的人。你来这座城市，这座城市会亮起来的……"

说着说着，我就喝大了。

我不知道自己是怎么回家的，只知道第二天醒来，已经是中午了。

他给我打了个电话，大概的意思很简单：他准备定居在北京了。

2.

所有敢留在北京的人，都是勇士。

我们住得很近，走路去他家只需要五分钟。在北京久了，我早就习惯与邻居住在同一个小区彼此不说一句话，井水不犯河水的相处模式了，突然有了一个可以交流的邻居，我非常开心。

白天，我们各自在家读书、写作，到了晚上，我们经常约在一起喝酒、聊天。

我时常说，我们这群人在一起，属于彼此赋能的状态。

聚是一团火，散是满天星。

我们关系一直很好，他喜欢我喝多后的胡言乱语，我见识过他随时都能抖出的语言包袱。

有一次，在朋友的忽悠下，我参加了一档电视栏目，在台上和一个评委发生了争执，他不尊重那位女孩子的表述令我愤愤不平，于是我在台上撑他，并且拒绝领奖。

节目播出后，我当作什么都没发生。

结果第二天一上网，却看到无数条微博在帮我打抱不平。

我才知道，小 A 看完了那期节目，气炸了。

他在网上疯狂写着段子，用语言攻击着节目组和那个嘉宾，引得粉丝哈哈大笑。

一天的厮杀后，看客们都累了，他依旧满腔怒火，而我却充满着感动。因为那时许多人都抱着多一事不如少一事的心态，看着这场网络上的厮杀，只有真朋友，才会站出来说两句话。当天晚上，我问他："我跟人发生矛盾，你干吗比我还激动？"

他说："我就是见不得有人这么跟你说话。"

说完，他笑嘻嘻地说："我 ×，我又想到了个段子，我赶紧发了。"

他一边发，一边笑着；我一边感动，一边喝了一口酒，那酒直接沁透了我的心。

他一直跟随自己的心，无论这事儿结果如何，能燃烧自己的心，就好。

3.

我一直跟别人说，小A的才华在我之上。

他以为我在开玩笑，其实没有。

每次我和他一起做活动，但凡他开讲，台下一定是笑声不断，很少有人能接得住他的包袱。

我们都以为他这是天生的能力，但我每次去他家，看到的都是他瘫坐在沙发上，一页页地翻阅着各种类型的书，翻累了就对我说："吃饭吗？我给你叫个外卖吧！"

他平时很温和，只有在我被撑的时候，才忽然像一把尖刀，扎进混沌的世界里。

有一次，我们受邀去山西一所学校演讲，我和小A一起到了太原。

没想到的是，跟我们对接的是一个图书馆管理员，他是临时受命，不知道我们来讲什么，甚至不知道为什么请我们来。他看我们年轻，忽然间摆出了领导的姿态，说："你们还太年轻，让我来教你们应该怎么演讲……"

我听得发蒙，不是你们学校请我来演讲的吗？怎么还过来给我上课了呢？我是不是还要付学费啊？

我不太能接受这样的沟通，于是，站起来走了出去，留下这个管理员自我陶醉。

这件事在我这儿其实就过去了,但小A没有,他一定要扳回一局。

演讲时,小A开头是这样说的:

在我很小的时候就知道,人只要打破人设,就能看到更大的世界,所以,我一直不愿意被"身份"两个字限制自己的可能。我从小就很讨厌这样的称呼,比如学习委员、体育委员,当然……还有图书馆管理员……

全场爆笑。

我回头看到那个管理员脸色苍白。后来我才知道,这个管理员长期习惯性地讲官话、套话,学生积怨已久。

活动结束后,那个管理员走了过来,笑嘻嘻地跟我们赔不是,说看来您二位在演讲方面确实是老师。

回北京的路上,小A又说了一遍:"我就受不了别人这么跟你说话,他谁啊他!"

我哈哈大笑,戴上了耳机。

我一直特别喜欢他的刚强、才气和重感情。

4.

每个人都有自己的天赋。

小 A 的天赋，毫无疑问，是语言。

我带他见过很多能言善辩的人，见过很多没有底线的人，在他的沟通体系下，各种沟通场景都能化险为夷，逢凶化吉。

但他不是万能的，有一次，他被撑了。

那一天，我们在上海的一个饭局上，我邀请了小 A 的一位旧友，他们之前有过合作，我以为他们关系一直不错。

但大家聊着聊着，就发生了争执。

我没听清因为什么，两人就剑拔弩张了。

几杯酒过后，我听懂了，旧友开过一门课，小 A 不同意其中的商业逻辑，认为这种课本质上就是骗子。于是，他直接在网上表达了观点：建议大家不要报。

就这样，他被旧友拉黑了。不明真相的我以为他们关系很好，于是组局直接把他俩组在了一起。

两人见面就吵了起来。

但很快，几轮交锋后，旧友说不过小 A 了——是啊，谁说得过他呢。

旧友喝了一杯酒，突然指着小 A 说："我听说，你跟你前女友分手时，还要分手费！你要不要脸啊！"

大家一听，激动了，哟，还有这种事儿呢？看热闹不嫌事大，很快其他几个人也热烈讨论起来了。

小A忽然像被什么堵住了，无力地反驳着："我没有！"

旧友得意扬扬："我也是听说啊。"

能言善辩的小A，在那一晚的后半场，一句话也没说。

那一晚上的饭局，小A很安静，像是吃了哑巴亏，我感到他憋了一肚子的话，却一个字也没再说过。

5.

上海夏天的夜晚，闷热而潮湿，繁华而宁静。

吃完饭，我问小A："找个酒吧再喝会儿？"

他说："好，就咱俩吧。"

接着，我们去了一家位置很高的酒吧，从那儿，能看到外滩的繁忙，能看到浦东的全貌，能看到夜幕下的上海，能看到小A之前的生活。

小A说，他在上海待过一年，和他的前女友，就住在那儿，他指了指不远处的一栋楼。

酒吧的微光，照在他的脸上。

我说："要不要来杯威士忌？"

他说："那就什么也不加，最烈的那种吧。"

在那暗黄色的光和酒里，我听到了小A的故事：

他的前女友是一家创业公司的CEO（首席执行官），在互联网教育的热潮中，她拉了不少投资。两个人在一次课上相识，互相欣赏，很快就住在了一起。

第一代创业者最忌讳浮躁，而年轻时谁也没见过太多钱，钱多时，不知道该怎么花。姑娘第一次见到这么多钱，很快就失控了，用投资人的钱在海外买了房，买了车，还买了一堆首饰，结果偏偏忘记了创业的目的，应该是用投资人的钱来创造价值。

和小A在一起后，他们租的房子每个月的租金要十万块，租金是小A掏。小A想得很简单，只要相爱，钱是能赚回来的。

他们一起养了只猫，还购置了很多家具，白天两人上班，晚上回家后点根蜡烛一起吃块蛋糕。半年后，资本市场退潮，许多在线教育公司因为经济问题而倒闭，这位姑娘的公司在自己经营不善、花钱大手大脚的状态下，出现了危机。谁也赚不到超乎认知的钱，这点，我们早就知道。

一天，独自回家的小A，被一条信息打乱了他的生活：你能不能借我三百万，我要给员工发工资。

小A赶紧上网一查，傻了，他女朋友这家公司不仅欠了客户的钱，还欠了员工好几个月的工资。

他问对方原因，对方不说。他东凑西借，无能为力。谁能一瞬间拿出这么多钱？

他跟女朋友说："我拿不出这么多，你回来，我们一起想办法好吗？"

女孩子说："你要不给我钱，我就飞回北京，那里有人给我钱。"

就这样，女孩子飞到了北京。

小A紧随其后，查到了她住的那家酒店。

第二天，小A看到自己的女朋友跟另一个男人进了酒店。

他疯了似的给女朋友打电话，她只是淡淡地回复："我只是跟他进酒店，什么也没做啊。谁叫你不给我钱，我现在缺钱，你能给吗？"

说完，她挂了电话。

一周后，他回到上海，惊奇地发现，那个十万元一个月的房子空了。

连他们养的猫也被那姑娘带走了。

他呆在原地，还来不及难过，一个快递小哥走了上来，看着他失魂落魄的背影说："先生您好，刚才有位女士跟我说，这些书您要的话，就给您留着。"

小A看了眼快递小哥,又看了眼空空的房间说:"给我留着吧。"

说完,他打开了一个手提箱,装了几件衣服,那时,上海的天空已经暗了下来。

小哥看出了什么,说:"我也是刚分手。"

小A说:"是吗?"

小哥说:"你接下来去哪儿啊?"

小A说:"不知道,去机场吧。"

小哥说:"那我送你吧。"

就这样,两个人、一辆摩托车、一个箱子,跌跌撞撞到了机场。

他抬头看了眼航班,偌大个世界,没有自己的去处。

他习惯性地买了张去北京的机票,拖着箱子,下了飞机,已经是夜里十一点了。

他迷迷糊糊地给一个叫李尚龙的人发了微信,问他:要不要喝酒啊?

李尚龙说:"太好了,我给你个定位,一会儿见。"

小A说:"不会打扰你吗?"

那个叫李尚龙的家伙说:"我的生活,才刚刚开始。"

6.

这些年，小A一直认为，当自己迷茫时，跟随内心深处走，一般不会错。唯独在感情上，他一直放不下，一直在迷茫。我告诉他，你明明知道不对，既然知道，就要主动断舍离。

后来，他成了我的邻居，成了我的亲密战友。再后来，他认识了现在的女朋友——一名老师。他们在一起很幸福，正在筹备婚礼，他们又养了只狗，一只边牧。

直到今天，他回归了正常生活。

我们依旧白天分开努力，晚上偶尔一起喝酒。有一天，我喝多了问他："经历了这么多，你想对自己说点儿什么？"

他说："听不清噪声，就听内心吧。"

很简单的一句话，我却想了很多。

当你又忙又累,
必须人间清醒

分散风险,
不让自己孤注一掷

1.

老张在半夜给我发了条微信,问我要不要买电脑。

我好奇地问:"我为啥要买电脑?"

他说:"你就当帮帮我。"

我才知道,他再一次破产了。

半年前,他孤注一掷地用所有的积蓄投资了一个网吧,买了五十台很好的电脑,租了个店铺。他说5G时代到来了,网吧肯定是个好风口,准备在新的一年大干一场,争取年底把房贷还了。

可事情并没有像他预想的那样顺利,开业一个多月,一直是入不敷出。他的网吧每个月光房租就几万块,眼看着电脑一天天变旧，自己却收入甚微。他老婆劝他趁着电脑还是新的，早日出售早日止损。

他说，放心，他能扛得住，再坚持坚持，一切都会过去。

可事实是，情况越来越糟，有时候网吧里甚至一个客人也没有，只有他自己从早上玩到晚上。他以为自己能扛住时间的摧残，谁知道两个月就被现实打到体无完肤，终于决定在网上卖了电脑。

他那天问我："我是不是不够坚强啊？"

我说："你已经很坚强了，谁遇到你这事儿，都扛不住。"

他又问："那我这么坚强，你要买我的电脑吗？"

我想了想，觉得他在套我的话，说："不了，因为我真不缺电脑。"

他开始分析，说："你看，你是个作家，如果就用一台电脑，万一电脑坏了，你写的东西不都没了吗？你再买一台电脑，可以保存第二份，安全。"

我笑了笑，回他说："你要早有这样的思维，也不至于把自己逼成这样。"

我之所以不需要，是因为我早已有了好几台电脑。他说得很对，我一定会考虑万一，所以我写的东西每次保存到电脑时，还会顺便保存到云端，然后隔一段时间，再拷贝到另一台电脑上。因为我知道，今天晚上的灵感可能和明天的不一样，如果不好好保存，就和这些文字永别了。我早就意识到，如果我的鸡蛋都放在一个篮子里，一旦发生意外，我失去的，会是全部的鸡蛋。

英文中有一句话叫："Always have a plan B ."（永远要有备用计划）这句话经常被放在投资领域，告诉大家，永远不要把所有的宝押在一只股票上，要广撒网，把本金分散在不同的位置，这样才能规避风险。

其实这句话适用于很多领域，因为人生不也是一种投资吗？

2.

领英和贝宝的创始人霍夫曼有个很著名的理论——ABZ。他认为，任何人做事情的时候，都应该有三套计划：A 计划是长期从事，并且值得持久投入的工作；B 计划是 A 计划之外给自己应对"万一"时的备用计划；Z 计划是用来应对最糟糕情况的备用计划，换句话说，这套计划是最后的保底。

我觉得人不用做什么事情都要给自己三套计划，但至少要做到给自己留一套 Plan B。

前些日子，我认识了一位英语培训机构的老师，他在我从前任职的公司工作。我们聊得很开心,大家一起喝酒喝到半夜,我注意到,他从某一个时刻起,就开始无休止地看手机。

我问他在干什么。

他说,他有个很重要的事情需要处理下。接着,他就又开始心不在焉,一会儿高兴,一会儿焦虑。

到了最后,我实在忍不住了,问他到底是谁这么重要。

他摇了摇头,说:"尚龙,你懂的,这个人太重要了,她掐着我的命脉,掌握着我的命运。"

我问他:"到底是谁?命运女神诺恩斯啊?"

他说:"是我们公司负责排课的小姑娘。"

说实话,那一瞬间,我完全懂了。

我记得早年在新东方,我最害怕的人其实不是领导,因为我天天上课也见不到他们,没有大碍。我最害怕的,就是那些排课的小姑娘,这些人水平参差不齐、喜怒无常,最可怕的是,还掌握着"生杀"大权。所谓"生杀"大权,是因为老师的工资是由自己上课的多少决定的,而上多少课,完全要看她们怎么给你排课。

你要是得罪了她们,说不定她们会把一天的两次课一个排到天通苑,一个排到大兴黄庄,这样你至少三个小时都在路上,收入自然就会减少,人还遭罪。

但这些排课组的小姑娘往往不敢得罪一种人，就是那些不靠课时费生活的老教师。他们除了这份课时费，还有其他的收入，所以他们上课都是排课组的小姑娘求着他们上的，而不像大多数年轻的老师那样，求着排课组小姑娘给安排。

当你的生存资本完全依靠着一个小姑娘的一句话或一系列动作时，当然会焦虑。

我特别了解这位朋友，他的焦虑也是我之前的焦虑。我们当年排课的小姑娘，经常深夜联系我，而且我要是五分钟之内没回复，这课就给了别人。所以，她的短信我永远是第一时间回，优先级超过我爹妈。

让我想想看，我是什么时候开始不那么焦虑的？具体来说，是什么时候不再害怕那几个排课的小姑娘的？我想起来了，是当我开始有了第一笔稿费的时候。

当我的收入可以多元化后，我便挺起胸膛，不那么低声下气了。

那我是从什么时候开始连理都不想理这些小姑娘的？是从我开始创业的时候，因为我已经有更多能让自己生存的方式了。

这些年，我身边有很多英语老师朋友，我亲眼看见他们是怎么一步步走到今天的。他们中的许多人都是从一家公司跳槽到另一家公司，从一个平台跳槽到另一个平台，工资虽然有提高，奖金也有翻倍，但依旧在犯一个错误：只会上一门课，永远把鸡蛋只放在一个篮子里。

所以，就算没了排课组的小姑娘，还是会有主管、经理、总监那些掐着他们咽喉的人。这些人一用力，他们就喘不过气。

其实，他们最应该学会的，是多条腿走路，只有这样，抗风险的能力才会提高。

3.

人之所以为做选择忧虑，是因为人总把自己放在孤注一掷的状态下。这样很容易大起大落，其实大可不必，我们完全可以选择多条腿走路，同时做几件事，这样抗风险能力也会提高很多。

其实想要做到多条腿走路真的不难，你不需要一次又一次地重新开启崭新的领域，对于普通人来说，只要做到两点就好：

第一是永远接纳新事物，并主动学习，用现有的技能，突破自己的职业边界；第二是看看自己现在的专业，能否结合互联网，发展成另一种职业。

第一点能让人永远像个孩子一样，虚心学习不同领域的知识。除了了解本专业外，也可以看看自己这个专业里，有没有相似的知识可以迁移到其他领域。比如，我发现做老师的大多在文字方面有天赋，讲得好的老师可以把课上打动学生的内容落笔成文，这样很容易完成跨界。但请记住，一定要在本职工作做好的前提下去做，而不是本职工作做个半吊子，就急忙进入一个新领域。

第二点是这个时代赋予我们的红利，但凡人有了一技之长，配合互联网，总能有所突破。就像那些手工精巧的人，配合互联网直播或者短视频平台，很快就能造成围观，成为流量主，然后靠流量来变现。但前提是，自己的能力是否足够强大，从而变成自己的另一条腿。

现在这个时代很奇怪，很多人做的本来是自己的副业，做着做着，却比主业做得还好了。因为有了 Plan B，谁也不知道 Plan B 会不会变成 Plan A。

这些年我一直告诉自己，面对新事物，如果自己恰好不懂，第一反应永远不是抵触和批评，而是去思考这是个什么东西，然后学习它。久而久之，这样的思维能让自己更贴合这个时代，也能让自己走得更稳些。

4.

倘若那位卖电脑的朋友在倾尽身家投资网吧前思考一个问题，就不会到今天这个地步。这个问题是：万一失败了怎么办？

当一个人做任何事情前首先去想，万一失败了怎么办，就一定会在脑子里产生 Plan B，鸡蛋往往就不会放在一个篮子里了。

其实想让自己走稳点儿，最好的方式，就是分散风险，不让自己孤注一掷。比如：考研的时候，可以多关注一下职场的信息；创业的时候，也多了解一些考公务员和找工作的流程。

这些事情不会占用你太多精力，你的注意力主要还在 Plan A 上，但 Plan B 给你的是抗风险的能力。

我曾写过一篇文章——《你所谓的稳定，不过是在浪费生命》，网上有些人批评我，以为我在这篇文章里主张的是放弃稳定。其实这些人阅读很有障碍，我想说的恰恰相反，是如何让自己更稳定：当一个人走进工作的保险箱，他需要的不是贪图稳定而无所事事，他需要做的是，让自己可以迅速找到另一个篮子，做好随时离开保险箱还饿不死的准备。仅此而已。

5.

我想,这个理论应该适用于很多领域:工作、创业、选择。

哦,对了,有一个领域是不适用的,那就是感情领域。

在感情的世界里,篮子越多,越容易漏到一无所有。去坚定地爱一个人,只爱那一个人,哪怕没有回报,哪怕遍体鳞伤……

因为感情不是鸡蛋,是水。

毕业五年，
决定你的一生

一天下午，我去见一位朋友。我们喝着下午茶，他跟我分享了初入职场应该注意的一些事情。我听后深受启发，结合自己的生活经验把这些观点重新整理了一下，分享给大家。

他说，如果你刚进入职场（或者刚毕业），请一定注意，前五年很关键，很可能决定了一个人的一生。

这五年过后，人往往就接近三十了。人到了三十岁，许多思维习惯都已经定型了，再想改变就比较难了。朋友说，人年纪越大，越难接受新思想，不是说他们无法改变，而是他们总是选择去听、去看那些他们相信的东西。所以，越往后走，人和人的差距就越大。

三十岁明显是一个分水岭，有些人已经不用工作了，有些人还在辛劳；有些人找到了方向，有些人还在原地踏步。

当然各有各的好，也各有各的无奈。但总的来说，拥有更多自由，我觉得还是更好的。

这十条锦囊，分享给你：

1. 用好下班时间

对于多数人而言，这五年真正决定命运的，不是如何使用上班时间，因为上班时间基本都是八个小时，大家的状态差不多，你不会比别人牛到什么地方去。相反，下班的时间却会把人和人变得不同。因为下班的时间完全归自己，你可以用得五花八门。而这些时间怎么用，决定了你这五年会是一个什么样的人。

我不建议你下班后主动加班。有一套日本作家写的书叫《精英必修课》，书里说，美国人下午五点就下班了，如果到了下班时间还有工作没做完，他们会在第二天早上提前来公司继续做。日本人的情况就不一样了，如果到了下班时间还有工作没完成，他们就会推迟下班时间，继续留在公司加班。但晚上的工作效率其实并不高，所以美国人的劳动生产率比日本人的高，因为他们知道上午时间的重要性。

日本人大多没有认识到上午时间的宝贵，上班后先喝茶，看报纸，打开电脑查看邮件。如果日本人九点钟就能火力全开地投入工作的话，工作效率一定能提高不少，也就不至于每天都加班到很晚了。

所以我非常不建议刻意加班来完成工作，相反，应该利用好白天。如果下班后还在加班，还不如回家刷剧，毕竟刷剧还能放松自己，让自己开心。

但比刷剧更好的利用下班时间的方式，就是不要浪费这段时间。一个人是否浪费了这段时间，只有一个评判标准：这段时间里，是否有精进？

我的建议是，如果不是特别劳累，下班后可以找个角落看看书，找个健身房跑跑步，找个培训班学一门外语……培养一点儿自己的爱好。这些精进，都是在给未来投资。

坚持一两天不算本事，坚持一年试试，量变到质变，人生被改变。

不要认为这是鸡汤，做做看，没几个人能坚持下来。坚持下来的，全部成了高手。

2.让自己的时间两次被出售

永远不要觉得这份工作是给领导干的,给公司干的,所以我随便干干得了。因为每一份工作,你都付出了时间,这时间是不能做其他事的。

所以请好好干,干到最好,因为你把一份时间当成了两份去出售,一份卖给了公司拿到了钱,一份卖给了自己——能力得到了提高。

有一套书叫《财务自由之路》,讲的就是要有把时间多次出售的思路。

在信息时代,你不必用时间来换钱,你可以用想法来换取金钱,并且一直赚下去,而不必投入新的时间。

但有个前提,你的时间必须值得被复制多次。好比一个老师,他没有备课就上了讲台,这样的时间,是不值得被复制多次的。所以,先要让自己变成一个好老师,把课讲得很厉害,你的时间才会更值钱。

先让自己的时间值钱,自己也就值钱了。

3. 学习永远比赚钱重要

如果现在的工作是你毕业后的第一份，请切记：成长大于成功，赚经验大于赚钱。

这并不是一句没用的鸡汤。

如果你刚开始工作，赚的钱能在自己的城市活下来就好，剩下的时间，一定记住去学习、去反思、去进步。

很多人在大学并没有学到适合职场使用的技能。换句话说，大多数人进入职场就像又回到了起跑线。

职场和社会同样是学校，学校不教的知识、学校不懂的逻辑、学校不涉及的人际关系，在这里都能更快地学到。职场里做完一个项目，做完一件小事，甚至过完一天，都要反思，都要总结，都要对自己的成长和缺陷有所了解。

苏格拉底说，不经反思的生活不值得一过。

职场中尤其需要反思，因为有了反思，才有了成长。

职场的前几年，成长比成功更重要，因为你还有很多年去成功，但你的每一年都需要成长。

职场的考试没有分数，但一定有隐形的排名，这排名最好是过去的自己跟现在的自己的比较，只要有进步，就很好。

4. 要有工作外的活动

除了苦哈哈地工作外,最好要有属于自己的、工作外的活动。

比如周末参加一些读书会,假期参加一些跑步、健身团,认识一些朋友。这么做的原因有两条:第一,扩大自己的人脉圈,有一天我们一定会知道,在职场里人脉意味着什么,圈子意味着什么,打破圈子又意味着什么;第二,很可能你的另一半就在这些群体里,因为有共同爱好的人,更容易走到一起。

前段时间我的发小结婚了。他们一个是做服装的,一个是做金融的,我怎么也想不到这两个人会相遇。幸运的是,他们一起参加了一场工作外的活动,生活从此就改变了。

5. 跟高手一起玩

如果你身边有某个行业的高手,请一定想办法跟他玩,哪怕一开始不赚钱,也要陪在他身边。

就算人家一开始可能不待见你,那也要努力向人家学习,贡献自己的高价值。

你也许会说,凭什么非要别人带着我啊,我为什么不能提供自己的稀缺性?

还有人会说，这不是拍马屁吗?

不，这不是拍马屁。你和他靠近后不用阿谀奉承，你只需要做一个正常而上进的自己就好。

当你离他近的时候，他的那束光能照到你，让你也更有动力、更有能量。久而久之，你会潜移默化地模仿他，最后成为他，自己也变成一道光。

别老抱怨这世界一片黑暗，那是因为你自己也不是光。

6. 找个一起锻炼的伙伴

前段时间我加入了公司的"五公里跑跑群"，第一次跟着大家在日坛跑五公里。五公里跑下来后，我发了条朋友圈："今天是我跟大家跑步的第一天，我已经准备退群了。"当然，我是开玩笑的，和大家一起跑步是我前所未有的经历，可能原来我只能跑三公里，有了一群伙伴后，我也能跑五公里了。

在你的身边，应该有能一起锻炼的朋友，如果没有，今天就可以在公司组织一个锻炼群，你当群主，这样还能锻炼你的组织能力。

说不定跑着跑着，就能跑马拉松了。

一个人往往可以走得很快,但一群人往往可以走得很远。

《锻炼改造大脑》中认为,锻炼可以一举两得:通过一种活动(锻炼),你既可以减轻压力,又可以改善认知。而一起锻炼,正是一起进步。一起进步的人,总能迸发出惊人的好感,想想我那个因为跑马拉松而找到真爱的朋友……

7. 换台好电脑

我在那天问,如果是一个工作小白,应该怎样开始自己热爱的工作。

他的答案是,先换台好电脑。

一台好电脑可能很贵,但便捷的方式、流畅的速度首先能让自己心情愉快。想象一下,你充满热情地打开电脑,准备做个很牛的PPT,开机五分钟,更新半小时,此时所有的热情早就跑到九霄云外了;你一气呵成写了三千字的小说,忽然系统崩了,所有的努力都白费了,又要重写……他说到这儿的时候,我已经快哭了。他问我为什么,我说,别问,问了都是泪。

现在我的桌上放着的是三台电脑,每份作品都是三份备份。我爱工作。

8. 做一个靠谱的人

在职场里,靠谱十分重要,什么是靠谱呢?总结一下:第一时间回信息,永远不消失;被布置任务,必有回复;有了回复,必有解决方案;有解决方案,必有反馈汇报。还有一条,别总传话、递话、说坏话,更别没事截私下聊天的图到外发。

这些看似简单的事,很多人都做不到。

另外一个证明自己在职场靠谱的方式是:如果可以,至少一个月更新一次朋友圈,让人知道你是活着的,哪怕发首歌。

9. 把房子租到公司附近

这样做的确有一个劣势,公司往往在市中心,周围的房价比较高,所以选择在周围居住,在工资不高的时候,房子一般不会很大,生活质量恐怕要打折。

但优势太多了:我们省去了来回无比漫长的通勤时间。

要知道,在路上时间太长,幸福感会变低。马克·佩恩写过一本书叫《小趋势》,书里说如果在路上的时间超过45分钟,人就开始崩溃了。

住得近不仅减少了路上的时间,还多了能随叫随到的工作弹性，也可以享受大城市中心地带的福利：下楼就是便利店、商场、KTV、餐厅……

家小点儿没事，这座城市都是你的家。

随着你的能力开始变强，工作越来越好，钱赚得越来越多，房子自然也就越来越大了。

但这取决于你是想先住大房子还是先住小房子，我相信正在读这本书的你，会跟我当初的选择一样。放心，未来总会越来越好的。

这在心理学上叫作延迟满足。

很多高手之所以是高手，就是因为他们懂得什么是延迟满足。先苦后甜，苦尽甜必来。

10. 和自己热爱的一切在一起

我记得在结束对话时，他告诉我：对了，最重要的事情放在最后说，要时刻提醒自己，和自己热爱的一切在一起。

就算现在做的事情，不是你想要的，现在身边的人都是你讨厌的。没关系，永远提醒自己：要和自己热爱的事情在一起，哪怕现在还有一些距离，奔向它，期待着美好，永远不停歇。

你不进步，
就一定会被替代

1.

有一部纪录片，叫《美国工厂》，讲的是一个中国的企业家用中国的理念在美国办了一家玻璃工厂，看完令人感慨万千。

也不知从什么时候开始，全球都把眼光从美国抽离到了中国。

影片开头，那些美国人忽然被告知工厂倒闭，他们都没了工作。后来，中国企业的到来给了美国人希望。

"当我开始在福耀上班时，我很感激，想跪下来谢天谢地，这是城里最棒的工作。"在《美国工厂》中，一位叫Bobby的蓝领工人说道。

这家工厂养活了当地三分之二的人，还承担了当地一半的税收。

他们有了工作，生活开始变得稳定，没过多久，资本和工会的矛盾却在工厂升级了。

纪录片的最后，没有交代那些被辞退的人后来的结局，不知道他们后来去了哪里，但我想起了影片开头他们失业的样子，像一个轮回。

其实早在2017年，中国也拍了一部纪录片，叫《中国工厂》，影片所探讨的，也是行业剧变给就业带来的冲击。

我们不得不承认，如今在一个大机器中，多一颗螺丝钉或少一颗螺丝钉其实无所谓，因为现在好多机器，根本就不用螺丝钉。

我并不是说螺丝钉不重要，只不过，只做一颗螺丝钉这种想法正在过时。曾有人跟我讨论自己工作的不可替代性，他担心自己的工作会被别人替代，被别人抢夺。我说你大可不必担忧，因为人并不是你的竞争对手。

就如我曾发过的那条微博一样：机器留给人的时间，已经不多了。

2.

早期，人工智能只是替代一些重复性高的工种：比如制造业的工人，比如银行的收银员、农场的农民甚至一些地方的司机。

所以，大家开始明白，重复性的工作即将一去不复返，在一个企业工作，没有功劳，没有苦劳，别抱怨，苦劳都是机器的。

你的工作不进步，只是简单重复，就一定会被替代。

我在做老师的第一天，就意识到了这件事：连续三个班，我讲的东西都一样，只不过是面对不同的人讲了三遍而已，倘若互联网能让这三个班合在一起，而我讲的课又可以无限回放，我是不是只用说一遍就行？

后来，我们的线下课很快被线上课大面积替代，我们被迫转型，去接受和机器、软件的合作，才得以一起共存。

我们以为机器只是替代重复性的工作，随着人工智能开始进入围棋领域，打败了李世石、柯洁等高手，大家忽然明白，机器正在攻陷更多的领域，那些自以为的创造性领域也在受到创伤。

有一天晚上，一位演员朋友发了条朋友圈，她说，这回，人工智能也威胁到了她的饭碗。

那天,一个叫 ZAO 的 App,横空出世,于是那个晚上,大家都在换脸,都在那些经典戏剧中寻找着参与感。还有很多人把一些演员的脸换到另一些演员的脸上。

如果之前演员的片酬是天价,那么这样的 App 诞生,无疑会大大降低演员的片酬。

换句话说,只有好看的脸,再也不会是好演员的优势,好演技开始变得更加重要。

一位朋友告诉我,他去一个剧组替换某演员的脸,只收了一点儿劳务费和肖像使用费。所以,如果这样的技术越来越成熟,能把两个人嫁接得天衣无缝,这个行业也要重新洗牌。

但这并不是悲观的,我反而从中看到一些乐观的东西:

在一个视频都能被机器处理的年代,终于,人工智能已经威胁到了演员这个行业。

人人想自保,人人也自危。

只有那些真的不怕被替脸的演员,才能留到最后。同理,只有那种一直在进步的老师,他的课才不会被复制,不会被机器代替。

3.

如果没猜错,未来人工智能会替代的职业远远不止这些。人工智能已经从理性的领域进入感性的范围了,许多看似具备创造性、具备感性的工作,也逐渐被影响。

2016年,由人工智能创作的小说《电脑写小说的那一天》参加了日本"星新一奖"的评选。

2017年,微软推出了机器人诗人小冰,在发布会现场,为人类私人定制了一首诗。

2018年,新华社宣布,首个人工智能主持人已经投入工作。这个人工智能主持人只需要获得董卿的一段视频即可克隆一个相似度高达99%的董卿。同年,微软推出新款人工智能绘画机器人,这个机器人可怕到能够根据对事物的文本描述,立刻创造出图像,并且还能自行添加文本中没有描述的细节。机器人开始越来越像人,在每一个行业里都有了它们的影子,它们做得比人更好,没有情绪、效率高,还能不停地迭代,那么问题来了:如果这个世界继续如此,人类应该何去何从?

仔细想想近几年的变化,话务员这个行业渐渐消失了,从事自媒体行业的人变多了;

运输设备的操作人员减少了,快递小哥的人数变多了;

杀猪匠减少了，教书匠变多了；

打井人减少了，打车人变多了。

时代在变，机器加速了时代的发展，人类在这艘大船上，久久不能平息。

4.

我曾经写过，人工智能像人不可怕，可怕的是，人竟然越来越像人工智能。每个人都活成了一个模样，这才最令人可悲。只要人还在变，还在学习，就算时代再怎么变，至少有自己的一杯羹。怕就怕，一个人动都不动，就在那儿等待着被淘汰。

我们谁也淘汰不了科技，我曾经试过三天不用手机，想看看生活会有什么变化，后来发现，一天不用手机，许多工作就无法推进。

这个时代一定是人机共存的时代，换句话说，人类无法抛弃机器，但好在，机器也甩不掉人。

于是，人类应该学习如何与人工智能和平共处，而不是一味地抵制或抱怨它替代了我们多少工作机会，我们应该了解如何使用高科技，从而更好地达到自己的目标。我曾鼓励下一代要去学习编程，这跟我们当年学英文一样重要。他们需要懂得资源整合和如何使用机器，这或许是这个时代的超级个体必经的生存之道。

如果说眼镜是眼睛的延伸，喇叭是嘴巴的延伸，人工智能应该就是人脑的延伸，那么，我们更需要活在当下，拥抱时代。

时代正在洗牌，可能一转眼，我们就被淘汰了。我想起一位领导的故事，他出门总是带助理，打车、吃饭、工作都让助理安排，助理忙前忙后，他享受这一切。有一天，他好奇地问我："李尚龙，你也有助理，为什么不让你的助理做这些事儿？"

我拿出手机说："打车我能自己叫，吃饭我能自己订，动动手指的事儿，干吗麻烦别人？我的助理应该做一些更有难度的事情，比如谈合同，比如对接一些细节，比如整合资源。"

凯文·凯利说，让机器人做机器人的事情，人类做人类的事情。

机器人可以翻译语言，但是翻译不了文化；

机器人可以换脸，但是演不出人内心的情感；

机器人可以搬运物品，但不知道如何有设计感地摆放；

机器人可以做手术，但没办法给出语言的关怀；

机器人可以当主持人，但没办法给出观众意想不到的反应。

这些，其实是我们这一代人的努力方向，也是我们的未来。

换句话说，人工智能的出现，让我们重新开始思考一个问题：我们生而为人，到底什么是人？人是一切可预测的总和，还是人从来都不可能被预测？或者是人只有一部分能够被预测，那另一部分应该是什么？

我理解的"人"，至少不应该循规蹈矩，每天过着一模一样的生活，那应该是机器的生存逻辑。平淡如水，没有惊喜。

我理解的"人"，应该是活泼的，应该是每天都不一样的，每天做的事情是自己喜欢的，每天见到的人也是自己喜爱的，至少每一年能去一个自己没到过的地方，至少每一年都有一点儿进步，哪怕很小。

愿我们都是这样的人。

脱离平台后的本事，
才是自己的真本事

1.

我的朋友圈里有那么几个挺好看的姑娘和小伙子，他们每次发朋友圈都有一个共性，要么是跟明星的合影，要么就是跟名人的对话。还会配一些类似这样的文案：采访了×××一个小时，看到了一个不一样的×××。

弄得我们这些普通人时常羡慕忌妒恨。

但奇怪的有两点：

第一，采访出来的成品节目里，常常没有他们。

第二，这些明星，往往不认识甚至不记得他们是谁。

有一回，我恰好问到某个被采访过的明星："我有一位朋友采访过你，叫×××，还记得吗？"

那位明星很有礼貌地说:"我怎么有些忘记是谁了呢?"

随着我们的深入沟通,发现不仅如此,他竟然也忘记了那次采访的内容和时间。天哪,这么长时间的采访,他在做什么?她又在做什么?

在我的提醒下,他像是忽然想起来了:"哦,是那个平台的采访啊;哦,是那个媒体的对谈啊;哦,是那个公司的活动啊……那我记得,这个人我也有印象了。"

他又说:"那个小姑娘挺可爱,没想到是你的朋友啊……世界真小。"

是啊,世界真小,也真奇妙。

有一次,我组了个局,邀请一个姑娘和一位她曾采访过的名人朋友相聚。朋友带着助理走进来时,我一一介绍,介绍到这个姑娘时,我问名人朋友,你还记得她吧?

我之所以很自信地草草介绍,是因为这个姑娘曾在朋友圈发过他们的合影,还是在不久前。从文案看,他们的关系应该很近。

谁想到,名人朋友有些拘谨,也有些尴尬,说"不太记得了"。

于是我直接摊了牌,我说:"她采访过你啊。"

名人朋友的表情僵在那里,像是想说想起来了,却又害怕忽然被问到具体细节。

我转头看了眼那个姑娘，她用期待的眼神看着他，像是提醒着他们在哪里曾经相遇过。这尴尬持续了好几秒，持续到我的后背都有些发凉，直到另一个朋友打圆场，说："先坐，先坐，坐下来慢慢想。"

我才意识到，原来同一件事，不同人的记忆是不一样的。

2.

于是我开始问自己：这到底是为什么呢？

同一段采访，采访者和被采访者的印象如此不同。

后来我慢慢发现了答案：因为他们本就不是一个世界的人，仅仅因为平台，把两个不是一个世界的人联系在了一起。

这篇文章，是想探讨一下工作的平台和个人的本事是不是一回事，于是另一个严肃的问题来了：平台赋予自己的身份，到底是不是自己的本事？

中国人非常看重身份和标签，所以很小的时候，父母都会希望孩子考公务员或者进大企业。

这样做的原因仅仅是希望孩子有一个大平台作为背景，身份和标签更容易被抬高，人更容易显得优秀。

进大公司无可厚非，一个孩子毕业后进入职场，一定会明白：大企业的员工一定比小企业的员工的平均价值要高。所以，刚毕业选择大企业当然没问题，这样能接触到更好的人脉圈。

可是问题来了，进入了大企业，大企业平台的资源，是不是属于自己呢？

3.

阿里巴巴的员工，非常自豪自己是阿里巴巴的一员；华为的员工，也会很自豪地先跟别人介绍公司，再介绍个人。

我也曾在刚进入职场时，把我的微博名改成了：新东方李尚龙。

我很自豪自己的标签。

但是很快，我意识到了自己的局限性。

因为我并不是新东方的李尚龙，我就是李尚龙，在没有新东方的时候，就有了李尚龙。

于是，我把微博名改成了尚龙老师。

看，我还是逃不过老师的标签，但我开始去平台化了。

直到后来我和朋友联合创立了考虫，我也没有再在名字前加上考虫，因为我知道，平台只不过是平台，我是我，很多学生喜欢我，不一定喜欢平台，就如那些喜欢平台的人，也不一定喜欢我。但我就是我，我不是平台上的我。

相反，现在更多的人知道考虫，是因为李尚龙。我想，如果一定要重新起微博名，我的名字应该叫李尚龙考虫，因为先有的我，再有的考虫。但最好，不要混为一谈。

这一切想法的改变，都是因为我在脑子里厘清了一件事：平台是平台，人是人。

人可以因为平台到达一个很高的地方，但是平台不是你的本事，脱离平台后的本事，才是你真正的本事。

我很感谢这些平台塑造过我，因为有了平台，我才能有机会提高自己，但好在，我从来没想过在平台待一辈子，我一直在想，如果我从平台走出来，我应该站在哪儿？有多高？

4.

很多人离开平台后，连温饱都解决不了。我并不是在危言耸听，因为在我身边，除了这几位姑娘和小伙子外，还有太多的人，把平台当作自己的本事，使劲儿忽悠嘚瑟，以为自己特别牛，离开平台后，竟然发现自己什么也不是。康奈尔大学的教授弗兰克，在《成功与运气》这本书里说过一件事。

每个人骑自行车，都会遇到顺风和逆风。可当你去搜索"逆风"一词时，会出现一堆逆风前进的图片；而当你搜索"顺风"时，根本搜不出几张图片。

因为人在顺风的时候，只会扬扬自得。正如一个人在大平台上，往往不会考虑那些底层的苦和个体的难。

我认识一位姐姐，曾是图书圈某宣传平台的项目经理，她的位置很重要，重要到简单来说，有段日子她说捧红谁，谁就被捧红了。

她用手上的资源，捧红了好几个自己喜欢的人，显然，许多她不喜欢的人，都被牢牢地限制在了自己的位置上。我注意到，许多聚会都能见到她，每次聚会，大姐永远坐在主座，呼风唤雨，谈笑风生，喝多了有人送回家，喝少了也没人敢说话。

但好像就在一夜之间，什么都变了。许多饭局里没她了，大家提到她时也可以畅所欲言了。偶尔某个饭局里出现了她，她也是沉默着一直坐到最后。

后来我才知道，她离职了，离开了自己的平台。果然，人走茶凉，什么都没了。

许多她曾经的拥趸，曾以为的挚友，一瞬间都消失了。他们去了哪儿？

当然是去了新领导那里，围绕在新领袖的周围。这世界，真是残忍。

我还记得有一天，我单独约她吃了顿饭。她显得很落寞，到最后自己还把单埋了。

临走前她说，她一直以为大家都是好朋友，离职之后才发现，都是利益关系，成人世界好残酷。她又说："感谢你，李尚龙，还记得请我吃顿饭。"

我说："我也谢谢你当年帮过我。"

当两个人利益绑得太狠时，很多事情都不再简单。

可谁的世界简单呢？现在难，未来可能会更难，谁叫你把平台当本事呢？

我又想起另一位算不上朋友的熟人，原来在某电视台的重要部门当主管，据说那时请他吃饭的人特别多，顿顿都是茅台，恨不得每天都是饕餮盛筵。显然，他也特别膨胀，觉得他在这个行业已经超神，一切尽在掌握之中。

前些年，他意识到创业的风口来了，于是下海开始创业，觉得自己也能凭借行业的地位，赚点儿合法的钱。

可当他离开平台的瞬间，什么都变了。他自己的项目迟迟开不了机。直到今天，公司都快开不下去了，他还在纠结为什么这些人在自己创业后，竟然都不尊重自己了，许多比自己小的孩子，都能在饭桌上趁着他夹菜的时候转盘子了。

每次他说这番话的时候，眼睛里都是对这世界的好奇。

5.

平台不是你的本事，除非你一辈子就在这个平台里，并且这个平台永远都这么牛。

把平台当本事久了，人就容易颓了，以为大船永远在开，自己永远可以掌舵。

而事实上，没有什么平台能管你一辈子，也没有什么平台能牛一辈子。真正稳定的平台，其实是自己。你自己就是一个平台，这比靠一个平台，要重要得多。

所以，你在一个很好的平台上时，应该思考的事情是这么两件：

第一，如果离开了这个平台，你还剩什么；

第二，如果确定以后要离开这个平台，你现在应该学习点儿什么。

仅此而已。

平台不推你，你就不厉害，这本身就不是厉害。

真正厉害的是，平台推不推你，你都厉害。

因为你的本事，有平台是如虎添翼；就算没有平台，一只老虎，也是森林之王，哪怕不是，至少饿不死。

PART. 2

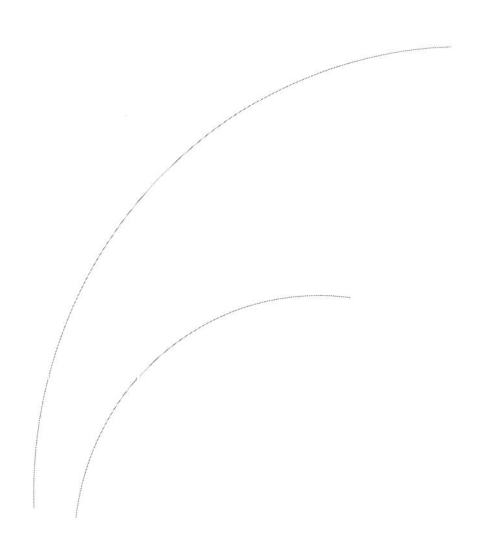

不要假装努力，
结果从不演戏

越是寒冬的时候，越适合闭嘴，
去读书学习，去厚积薄发。

当你又忙又累,
\ 必须人间清醒

比失败还痛苦的事,
叫从来没试过

1.

我的一个朋友,是个明星,年纪不小了,至今也没有结婚。

其实从世俗的眼光看,她又漂亮又有钱,追她的男生能排好几条街,不理解她为什么一直不结婚,唯一合理的解释就是她并不期待婚姻,对爱情无感。

但真实情况并不是如此,她给我讲过无数次对婚姻的期待、对爱情的期待。一次她喝了一些酒,还这样说过:"我要让我老公在爱琴海边跟我求婚。"

那就怪了,既然如此渴望,为什么她的爱情总是毫无希望呢?后来我慢慢才知道,其实答案很简单,每次当一个男生和她的关系到了临界点,准备打破友情,进入爱情中时,她总是戛然而止，要么立刻拒绝，要么忽然消失，因为她害怕自己陷得太深，失去控制，从而被伤害。

因为她害怕被伤害，所以从来不尝试。

我问过她："你是不是在初恋的时候受过伤？"

她说："没有，我就没有过初恋。"

我说："哦……"

她继续说："可我真的真的很期待，那恋爱的滋味。"

2.

我的另一个朋友，不是明星，是无数在北京打拼的白领中的一员。

过去他最期待的事情，就是逃离朝九晚五的生活，去创业，去创造，去创新，去寻找属于自己的生活。他给我描述过想象中创业后的生活，住在哪里，开什么车，每年计划多少天在外面旅游……

但三年过去了，他什么都没做，直到今天，还在朝九晚五的大军里奔波着，只是写字楼从国贸搬到了望京。我在一个夜晚问过他为什么不去改变。

他叹了口气，说："你看现在的创业者，不是公司死了就是人猝死了。"

我说:"太极端了吧,我不就没死吗?"

他说:"你早晚的。"

我说:"废话,每个人不是早晚都要死吗?试试呗。"

他说:"试试可以,但是我成功的概率能有多大呢?"

我说:"至少应该试试吧,你每天说创业都说三年了,不烦吗?"

他又叹了口气,说:"现在这个时代创业红利已经很少了,再等等吧,等下一个风口,一定可以。"

接着,他又说了一大堆理由,讲了一大堆理论,谈了一大堆理想,仿佛这一切都这么合理。

我说:"哦……"

他说:"其实我真的真的很期待,那创业的感觉。"

3.

后来我逐渐明白,这两位朋友都具备一个共性:因为害怕失败的痛苦,所以压根儿不去尝试。于是,带来了更大、更持久的痛苦。

因为害怕未来,所以缩在现在,这感觉更痛苦。

其实根据我的理解，失败的痛苦远远不如怯懦的痛苦，怯懦带来的痛苦是持续的，而失败带来的痛苦会随着反思和解决问题而消失。

我身边也有很多创业失败的人，他们甚至没时间去痛苦，就立刻转到下一个领域，开始了新的尝试，你很少听到他们抱怨。相反，那些什么也没做的人，反而不停地抱怨着时代，不停地抱怨着他人。

有一本书叫《不抱怨的世界》，书里说抱怨是阻止前进最有效的方式：尽管绝大多数人抱怨的是对方的行为，而对方却很容易把针对自己行为的抱怨当作人身攻击。不仅如此，抱怨对自己的伤害比对别人的伤害还要大。不抱怨只需要做一件事：尝试去行动。

这些年我一直觉得，我们在年轻时，尝试比成败更重要，事业如此，爱情如此，生活亦然。

我不害怕生活失衡，失衡能如何？对我这个年纪来说，失衡是好事，只要打不死，就会让我成长。生活如果总是追求平衡，说句实话，多没意思。

就算失衡，也不会失魂落魄，这些窘境都是经验，以后都是谈资。

4.

我经常鼓励我的朋友,做事谨慎可以,但不要太谨小慎微,因为太谨慎就意味着不愿意打破生活的平衡,这样的人反而会在自己的平衡里被禁锢着,到了老年,除了平淡如水的生活,什么都没有,人生这本书,被写得条条框框,毫无波澜。

因为太谨慎,所以人很难拥抱机会,用最警惕的方式面对世界,世界也一定会用最警觉的方式面对你。

当然有人可能会辩驳,如果失败的代价太大呢?

放心吧,你这么年轻,本来就一无所有,哪来的代价呢?谨慎点儿没错,谨慎到害怕就太划不来了。

许多时候,当一个人一无所有时,他丢掉的只可能是镣铐,但他能够获得的,有可能是整个世界。

一整个,他从未见过的世界。

这世界比失败还痛苦的事情,叫从来没有尝试过。

没有退路，
才有机会行万里路

1.

我想在开头，讲一个学生的故事。这位学生，姑且称她为小美吧，前些日子，她兴高采烈地来到公司告诉我，她考上了中国传媒大学的研究生。

我很愿意听好消息，尤其是这些可以给人带来希望的好消息。

那天，她拿着录取通知书，从家乡坐着火车到了北京，第一站就是奔赴我们公司。因为我曾在课上跟同学们说过，如果你有什么生命中的好消息，请一定要第一时间告诉我，无论是打电话还是当面说，总之，我都愿意洗耳恭听。

于是，她刚到北京，大包小包还没来得及放下，就来找当年教过她的老师们聊天。大家都在为她高兴，我没说话，走了过去，递给她一杯美式咖啡，笑着拍了拍她的肩膀，好像有好多话从那个简单的接触里传递了出来。她喝着喝着，哭了。

我是最怕女孩子哭的，谁要是在我面前哭，我要么赶紧跑，要么跟着一起哭，但这回，我什么也没说，递过去一张纸巾，然后在她身边，默默地看着她哭完。

我不知道是那咖啡的苦渗入了她的灵魂，还是生活的苦渗透进她的生命。

其实，其他老师不知道的是，我认识她三年了。

她从大三那年开始，就读了我的书，然后来考虫，只想上我的课。大三那年，她浑浑噩噩的，明知道专科就要毕业，却无比迷茫。很多同学都是这样，在毕业那天要么大失所望，要么流离失所，算了，这么说太悲观了，可是谁又不是这样呢？命运有一天终究会对我们曾经的碌碌无为进行清算。

在一片迷茫中，她竟然阴差阳错地在室友的推荐下读了《你没有退路，才有出路》这本书，于是干脆拉着室友一起报了个四六级的辅导班。虽然她根本不知道自己为什么考四级，也不知道考四级有什么用，但她知道，这群老师挺有趣，上课讲的每一个段子都够她笑一年。

她就这么认识了我。

网上的课她只能听到我的声音,见不到我的人,于是决定见我一面。

我第一次见到她是在我的签售会上,我去了她所在的城市——成都。她站起来提问,很严肃地告诉我:"老师,我四级没有过。"

我开玩笑地说:"你四级没过,来干吗?找我骂你吗?"全场哄笑中,她说:"龙哥,我下次见到你之前,一定要专升本成功,请你记得我。"

于是,一头短发的她印在了我的脑海中。

第二次见她,已经是一年后,她果然专升本成功了。那天,还是在成都,她也不买我的书,拿着一张本科的录取通知书让我签名。

我哭笑不得,最后还是签了,还问她,签了名这录取通知书是不是就作废了?

其实我并不在乎她是否买过我的书,我在乎的是,这些同学,能不能通过努力让生活有所改变。

我虽然不能体会对于她——一个高考英语只有几十分的同学而言,专升本是一件多么困难的事情,但我只记得,她在现场红了眼眶告诉我:"老师,我们整个班只有两个人升本成功,我是其中之一。"

说完,她递给我一封信,说让我回家看。

我回到酒店就打开了这封信,上面歪歪扭扭的字写得密密麻麻。大概的意思是她复习的这半年,和室友的关系相处得一塌糊涂,生活也是乱七八糟,男朋友也跟她分手了,但自己不后悔这个决定。现在,她已经决定用本科这两年好好准备研究生考试,去北京,去考中国传媒大学的研究生,去改变自己的生活,去换一个圈子,云云。

用很多网友的话说,这又是一个无聊的鸡汤。

但我记得很清楚,她在最后一个自然段写了三个字:北京见。

2.

有时候当老师久了,人很容易麻木,尤其是在每次考试结束后,看着那么多同学失落,那么多同学上岸,失落后也会有成就,上岸后也会重新回到失落,我会想起叔本华的那句话:"人生就像钟摆,在痛苦和无聊之间摇摆。"

这样的思想,也令我时常充满着负能量,觉得生活没什么意义,考上研究生无聊,考不上难过。

但总有一些人,会在忽然之间给我带来巨大的能量,这能量，久久不能散去，让这钟摆炸裂，让我看到新的光亮。考研出成绩的那段日子，我整天在微博和微信上等待着学生报分，因为对很多同学来说，这次考试，决定了他们的生活是否可以改变，证明着过去一年或者几年里他们的奋斗是否得到了回报，最重要的是，这一次考试可能很长时间左右着他们的自信和自知。

我是在某一天的深夜收到了这个孩子的私信，她问我还记不记得她。

我说："当然。"

她过了很久后回复了我，说："我考上了。"后面加了几个哭的表情。

我知道这句话背后有多少的压力，我把公司的地址发给了她，跟她说："报到的时候记得来见我，我送你我的书，谁叫你不买！"

她说她真的买了，我说我才不信，买不买我都要送她，还要签个名强行送她。

她让我把之前给我写的那封信带着还给她。

我说："送我的东西，怎么能要回去呢？"

其实真实情况是，我找不着了。我们公司的墙上，贴着许多学生给我们写的信，密密麻麻，我之所以不敢带回来，是因为我觉得那些文字不是写给我的，而是写给那个叫尚龙老师的家伙的。所以它们应该留在那儿,直到信越来越多,我再也找不到她那封信在哪儿了。

时光是残忍的,谁也不会停留在任何一段情绪里无法自拔,更不会留着别人的一封信,替别人忆苦思甜。

3.

所以,再次见到她,在我递给她一杯咖啡时,她哭成了泪人。

她擦干眼泪,问我:"我能跟你聊聊吗?你答应请我喝酒的,什么时候?"

于是当天晚上,我们喝了一杯酒,我和她聊了很久,大多数的时间,我们不是在聊未来,而是在聊过去。

聊她遇到的困难,聊她如何战胜困难,如何打破不爱学习的魔咒,如何一点点战胜自己,一战成"硕"。

请原谅我无法呈现完整的记忆,但我记得,她说得最多的词是"绝路",就好像那段日子里看到的世界,都是荆棘陷阱,都是高墙牢笼;看到的道路都是绝路;所有的退路都行不通,于是选择了前行。

也就是那天告别时,我告诉她:"喂,听我说,你要感谢那段'绝路',因为没有退路,才有出路。"

其实,人没有了退路,才会奋起直追;人没有了退路,才会破釜沉舟;人没有了退路,才有机会行万里路。

那天聊天结束后,她发微信告诉我:"我会加油,等我研究生取得了更大的成就,我再来见你。"

之后,她再也没跟我联系过。

那次谈话,我的收获也很大。也是在那天我明白了,就算每个人的钟摆只能左右摇摆,我的每次摇摆也要比上一次更加猛烈。

我很期待,有一天能看到她更大的成就,就算没有看到她的成就,也希望能看到她的成长。

有趣的是,我在几天后,找到了她给我写的那封信。那天夜晚,我重读了一遍,那一刻,我仿佛看到了另一个钟摆:这个钟摆的两端是惊喜和幸福,当加速度变大时,钟摆会一次比一次摆动得高,直到开始画圆。一个个的圆,和每个人不同的圆,构成世界上最美的景象。

想到这儿,生活,忽然多了许多希望。

4.

那次谈话后,"没有退路,才有出路"这几个字印入了我的脑海里。

我开始经常在考前用这样简单有效的话语鼓励学生,但其实,我总能听到有人在北京打拼时说,大不了回家;总能听到有人在准备考试前说,大不了再来一次……

我们时常不能拼尽全力,往往因为选择太多。

选择多可能是策略,但这些策略总在给我们偷懒的理由。人可以有退路,但在做一件事的时候,最好把这些退路当作不存在。

就如,当英语老师这么多年,我被问到最多的问题是用什么单词书背单词,用什么资料学英语。其实,这就好比用什么机械锻炼减肥一样,重点错了,重点应该是去做,而不是去纠结。

因为我们想不明白这些问题,所以我们就三心二意地出发,或者压根儿不行动。可是,我观察了身边所有的高手,他们无非赢在专注,无论用的什么教材,只要时间够,就总会钻研很深,从而需要更多的教材和资料提高自己,最后成为高手。但大多数人,买了一堆教材,却迷失在选择之中。

为什么不减少一些选择,专注于一件事情呢?

我曾经读过一本关于专注力的书，书里说，人最稀缺的，就是专注力，而这世界所有伟大的事情，都缘于专注。

其实这些年，我越来越明白，那些最后实现生命逆袭的人，无非是些专注的人，他们没有退路，就算有，也当作自己不曾有过退路，于是背水一战。所以，他们釜底抽薪，最后绝地反击，爆发了全力。

其实，人就是这样，快摔到谷底时，才惊奇地发现，自己原来可以飞。

我知道有人会抬杠，要是人不能飞，不是摔死了吗？

是啊，可生活并不是悬崖，可以从头再来，可以大器晚成，可以再来一局，无论怎么样，都比一个人到了晚年才突然后悔没有尽全力要强。

我曾在一天喝多后，跟我最好的朋友立冬说："你看，过去那段日子，如果我还有顾虑，还在考虑退学后万一自己活不下来怎么办，万一没有学历怎么办，可能就不会有今天。"

立冬说："好在，你没有那么多顾虑，那是青春给你的最好的礼物。"

当你又忙又累，
\ 必须人间清醒

奋斗是一种心态，
与年龄无关

1.

我在网上读到一段话：人到了三十岁，如果还没上到管理层，或者在某个领域没有取得成就，那一辈子基本也就这样了。

我大概能理解这句话的逻辑：因为人到了三十岁，其实已经在职场奋斗了八年（假设二十二岁大学毕业就开始工作），一个人在一个领域干了八年，还没有很好的起色和成就，的确说不过去。何况，三十岁，又是一个令人焦虑和害怕的年纪：你要买房买车，你要结婚生子，怎么可能在工作上还无所建树？你对得起谁？所以这句话火起来，完全可以理解。

这个时代所有火的文字，都具备两个特点：要么引起了焦虑，要么引发了共鸣。

但仔细想想，无论这句话多火，想想背后的逻辑，也是有漏洞的。虽然我承认，它是那么博眼球。

我在三十岁生日前后，时常被人问起，古人说，三十而立，那么，你立了吗？

我说，我没有。

因为我很不喜欢拿古人的价值观来指导现在的生活。孔子的时代有了这种说法后，从此不知多少代三十岁的人因此迷茫。"三十而立"流传到了今天，所有人都认为三十了，就应该立起来。但可怕的是，每个人对"立"的标准又是那么不一样，有些人认为"立"是要百万年薪，有些人认为"立"是结婚生子，有些人认为"立"是前两者的总和。

所以每次有人问我，你立了吗？

我都会说，我没有。我还早着呢，我才刚刚开始。

因为我不知道他问的是什么。

我们生活的这个时代和以往任何时代都不一样，首先信息爆炸，然后是科技为王，我们的时代变到让整个年龄段都在往后移。

古人寿命短，五六十岁就已经算是高寿了，所以他们三十必须立，立不住，也要成家立业。

而我们这个时代的人已经不一样了，随着科技和医疗的进步，我们或许可以平均活到一百岁，那么三十不立很正常，因为立的标准也发生了变化。

所以，时代变化太快，我们不必着急。

我读过一本书，伦敦商学院的经济学教授写的《百岁人生》。书里说，五十岁你可能是当干之年，更别说三十岁你在做什么。现在越来越少的人在过什么六十大寿，因为六十岁人还在奋斗，原来二十多岁的姑娘可能都是几个孩子的母亲了，但现在，二十多岁的人，还没谈过恋爱，你让人三十怎么立？

加利福尼亚大学等研究机构的最新权威数据显示，从1840年开始，人类的寿命就在以平均每年大约三个月的速度递增。换句话说，也就是每过十年人类就可以多活三岁左右。在进入21世纪以后，这个趋势还在更快地加速，从2001年到2015年，短短十五年间，人类的寿命增加超过了五岁。

这也给了我们另外一个启发：谁说一个人三十岁就一定要事业成功？一定要结婚生子？一定要家财万贯？一定要万人敬仰？人拥有这么长的岁月，应该怎么支配？还要说自己二十而立吗？

另外，谁说一个人三十岁不成功，就一无是处了？

根据一本书里的描述，据计算，一个2007年出生的"00后"，活到一百岁的概率将是多少呢？答案是50%。也就是说，你身边的"00后"小孩,每两个人里面就可能有一个是百岁寿星。以后像"10后""20后"的这些孩子,搞不好每个人都是百岁老人。他们的时代,我们可能不会参与,但我们一定会见到他们的三十岁。他们的三十岁会是什么样子的,我现在还不知道,但我知道这些孩子的三十岁,一定和我们不一样。而在那个时候,立的标准一定又改变了。

回到现在,如果我们把一个人的一生看成一条曲线,如果一个人三十岁之前一直在平均值之下,谁说后几十年的高度就一定要维持原判?

所以,对于那些愿意进步且一直在进步的人来说,三十岁才刚刚开始。

一切都会有,大不了大器晚成;大不了,岁月在几年后把一切都给你。

2.

我不是很想举例说明,人到了三十岁能爆发多么强大的动力。

但如果你上网搜索一下"三十岁逆袭"这个关键词,能看到无数的励志故事发生在这片土地上。年龄是一个生理概念,它只告诉我们一件事：我们这身皮囊，在这个世界存活了多久。除此之外，它根本不能决定我们的大脑、认知、灵魂和未来。

三十岁是个伪概念，就像其他年岁一样，没有什么特定的意义，只是人们习惯把这个年纪的焦虑放大，但并不代表这一年对我们会有多么不同。我不信一个人三十岁跟二十九岁在身体上有很多不一样。

三十岁无非是一个年龄而已，每一天都跟过去一样，跟未来相同，你怎么过这一年的每一天，往往就意味着你怎么过这一年。

我曾经读过一本书，丹尼尔·平克的《时机管理》，书里说了个很有意思的事情：人们一旦到了带"九"的年纪，比如十九岁、二十九岁、三十九岁、四十九岁时，往往会去跑马拉松，去蹦极，去看极光……这是因为每到了一段年纪的结尾，人们总会意识到时间的流逝，从而爆发出惊人的力量。

但我们仔细想，其实无论是十九岁还是二十九岁，都是人为地给时间的刻度。时间在没有钟表和日历的前提下，本身是没有刻度的。换句话说，每个年纪，都可以是十九岁，都可以是二十九岁，只是看你怎么想。每个年纪，都可以让自己爆发出惊人的潜力，前提是，我们能否在内心深处选择归零，选择在这一年真正做到有所不同。

我想起了一位挚友，是一位很厉害的英语老师，我很喜欢听他的课，不是因为他的那套考试技巧多么迷人，而是我总能在他的课里听到一些改变。比如他又在哪里忽然用了个我都没听过的网络红词，他又在哪里讲了个只有年轻人听得懂的故事。每次他们学校开他的选修课，总是人山人海、座无虚席，我认识他许多年，最感叹的就是他这套不停迭代的课程体系，受每代人欢迎。于是我提出邀请，请他来公司上一次网课。他同意了，但他的要求很简单：不露脸，不用真名。

出乎意料的是，在那次课结束后，许多学生都叫他哥哥，各种夸奖之词不绝于耳，我十分惊讶。我之所以惊讶，是因为他并不是什么哥哥，而是一位四十五岁的教授。他的声音很年轻，只要不露脸，学生根本猜不出来他多大。

直到今天，他虽然已经不再上网课了，但他在学校里依旧十分受学生欢迎。虽然现在他的学生已经是"00后"了，学生们都说听他的课像是在听一位大哥哥讲话一样，没有违和感。

我曾经问过他："你都这么大年纪了，是怎么保持激情的？"

他说："别瞎说，我还年轻呢。"

我说："你好好说话。"

他说："好，我好好说，因为，我真的很年轻啊。"

再后来我才知道，他是真这么想的，他从不觉得自己是个四十五岁的大叔,他每天都在接触最新的事物,在学习他不懂的知识,接触他不理解的圈子。

他在三十九岁那年,去报班学习法语。我问他为什么要学,他说,在学习面前,我们都只是孩子,这个跟年纪无关。直到今天,他已经会三门外语了。

你或许会说,这跟我有什么关系?我想,对于那些正在浪费时间的人,我们可以换个思维:我们可以把每一年都当作二十九岁、三十九岁,把每一年都当成青春年华中的最后一年,让自己充满动力,热爱学习,期待改变,感受到一点儿紧迫,这样是不是和"到了什么年纪就怎么样"的宿命论比,更好?

另外,对于那些到了三十岁就无比焦虑的人来说,我想也大可不必,因为你完全可以把这一年当成二十九岁,重新开始。

3.

我曾读过一句令我感动万分的话:"没有就着泪水吃过面包的人,是不懂得人生之味的人。"这句话的作者,是德国的一位大文豪,名叫歌德。

歌德年少时一直郁郁不得志,失恋,失去朋友……

他想跟自己心爱的女人夏绿蒂表白,可是夏绿蒂最终还是嫁给了别人。

于是他觉得灵魂被捏碎，生命毫无意义。

我猜，那个时候的他，一定觉得生命是多么没有意义，一切是多么无聊无奈。我曾在一本书里读到过，歌德甚至在那段日子想要自杀，他找到一把锋利的短剑，想等到一个完美的时机，自我了断。可是，他很幸运，找到了另一种抒发情感的方式，他把自己关进书房，用笔戳向了那受伤的伤口。惊奇的是，血止住了。不到一个月，歌德写出了《少年维特的烦恼》。

我想你也读过这本透着鲜血的书，在此之后，歌德成名了，三十几岁的他，被赐予贵族的身份。而他的生活，才刚刚开始。歌德最后活到了八十二岁，他一生的创作很多，但值得一提的是，他用了六十年，才写出了集浪漫主义和现实主义于一体的作品《浮士德》。

我常会想，如果歌德在痛苦时结束了自己的生命，是不是就没有《少年维特的烦恼》了？但好在，这一切都不存在，于是我们才能有机会看到这些文学史上美丽的篇章。

4.

我也曾在极其劳累的时候这么想过，干到多少岁，从此"退隐江湖"。但只要我在家待着超过三天,什么都不干,我就会自动去纠正自己的想法:奋斗是终生的,和年龄无关。

奋斗的人,不会彷徨,更不会太担心年岁的增长。

我很害怕遇到一种人,他们喜欢说这样的句式:我都这个岁数了,就别跟年轻人抢工作了。

说实话,我很不喜欢这句话:第一,工作讲究能力,跟年纪无关;第二,倚老卖老跟仗年轻卖嫩一样,毫无意义。

这世界需要的是能人、是高手、是持续奋斗的人,需要的不是特定哪个年纪的人。每个年纪都有高手,也都有废人,但人们常常搞错。我在刚开始创业的时候,找到了一位老师,我说想和几个朋友一起做点儿事情。他说了一句话让我印象很深刻,他说:"记得啊,你的合伙人不用是什么名人、牛人,只要是能做事的人,这比什么都重要。"

这给了我特别大的启发:人到了一个阶段,总容易躺在成绩上睡大觉,总觉得一切都该理所应当地安定下来了。

其实并不是,你拥有的一切,都会烟消云散,因为新的一代也有人在孜孜不倦地奋斗着。

很多广告都在告诉人们如何变年轻。其实我们这身皮囊阻挡不了岁月的蹉跎,但有一种方式能让我们忘记年纪的增长,就是保持做事的动力。

永远在路上,不停下前进的脚步,无论多少岁,都提醒自己:我才刚刚开始。

更何况,不仅每一年是个开始,每一天也都是个开始。

所以如果再有人告诉你,你都四十了还有疑惑,你都三十了还没立,你都二十多了还没结婚……转身走就好。

因为对生命最大的诅咒,就是随意用不同方式定义别人。

包括,用年龄来定义。

人的生命应该像春天的花朵,就算枯萎,也总有一天会有机会重新绽放。只看你是否相信,你的一生还有春天。

所有的死路，
背后都是贫瘠的思路

1.

在网上看到一个帖子很有趣，分享给你：

如果你有两个选择：第一个选择，直接给你一百万；第二个选择，你有一半可能获得一个亿，一半可能啥也没有。你会选择哪个？

这是个很经典的问题，网上有各种版本，无非是数字的不同，但这个问题的本质，是考验你承担风险的能力。有人拿着一百万就走了，也有些愿意博一把的人，想要赌那百分之五十。

我在银行工作的朋友告诉我，你永远不知道人和人之间承担风险的能力有多么不同。一个看起来五大三粗的人，其实根本承受不了风险，所以他只买保本的理财产品，虽然这世界根本不存在什么保本；而一个戴着眼镜，看起来文质彬彬的人，竟然什么都可以不顾，把钱全部投到高风险的产品中。

所以，这个问题的答案，完全取决于你是哪种人，你的抗风险能力强不强。

这个问题的统计结果很有趣：大部分人拿走了一百万（是啊，有钱谁不要，拿了走就好），只有少部分人愿意尝试一下风险。

但那个帖子的底下，有一个留言，给了我新的想法，如下，分享给你：

其实你可以把选择的权利，以两千万的价格卖给别人，因为这个选择的最高期望值应该是一个亿乘以百分之五十，也就是五千万。你把它两千万卖给那些更愿意承担风险的人，你的期望值也从一百万提高到了两千万，双赢。

好一个脑洞大开的选择。

帖子下有人继续说：

你还可以找一个比你有钱并需要这个机会的人，把选择权一百万卖给他，但同时可以约定，如果中了一个亿，他分给你一半，这样你既有了收益，又有了保底，岂不乐乎？

接着，好像许多人的脑洞被打开，各种方式逐渐浮出了水面，有把这些钱拆成彩票的，有用基金和杠杆的，忽然间，评论区热闹了起来,大家都把经济学的知识拿来分享了。

我虽然不太懂经济,但就在那天,发现了一个问题:其实,我们不是没有选择,限制我们选择的其实是我们自己的想象。

有一本小说叫《苏菲的选择》,在故事里,纳粹威胁苏菲,在两个亲生孩子之间只能选择一个,让他活下来。如果不选择,两个孩子都会死。

小说里,主人公不知道怎么选,但在现实生活中,我们总有更多的选择。

选择,一个看似残忍的问题,其实背后的答案并不是那么冰冷冷的。

2.

我再分享一个故事。前些日子我和几个老师去了几所名校见我们的学生,我去得晚,跟上大部队的时候,已经中午了。

我们在清华门口,草草地跟几位学生照了相,就一起走到一家餐厅就餐。

路上,一位女同学一直在跟我聊天,她问我:"我已经大四了,现在摆在我面前的有两条路:一条是接受学校给的保研名额,读研究生;一条是去一家世界五百强的公司工作。我都挺喜欢，应该怎么选？"

好一个令人艳羡的选择，哪一条都是那么令人着迷，放弃哪一条都觉得不舍得。但你是否看到，就算是清华的学生，也会迷茫于选择中。

她说："如果我选择了第一个，就失去了第二个；如果选择了第二个，第一个就没了。"

我说："是的，但好在，你选择的哪一条都挺好。"

她继续问我应该怎么办，纠结着，痛苦着。

我想起了上面那个帖子，于是原封不动地讲给她听，我说："不存在单一选择的，打开思路，拆掉思维里的墙，你再试试。"其实，我也不知道应该怎么办，但我知道，一定有办法。

她若有所思，问我："龙哥，是不是可以不去二选一，可以综合做选择？"

我说："从明面来看，你必须二选一，但动动脑筋，肯定有更好的路。"

她点了点头，我毫无思绪，也跟着点了点头。

结果是，几周后，她接受了学校的保研名额——毕竟，那是她朝思暮想的机会。但同时，她答应了那家公司，寒暑假去那里实习，说如果合作愉快，毕业后就去入职，那边领导也同意了，说静候佳音。

好一出漂亮的一脚踏两船、朝秦暮楚。这个选择，堪称完美。

3.

我知道一定有人会这么想，她优秀啊，所以她有更多的选择，我又不优秀，我哪里会有那么多选择？

首先，我必须承认马太效应的存在。所谓马太效应，是社会学家和经济学家常用的短语，来自《圣经》，简而言之，凡是有的，还要加倍给他，叫他多余；凡是没有的，连他所有的也要夺过来。

一些资源肯定是稀缺的，但不代表我们没的选。

这个时代是多姿多彩的，其实每个人都有选择，只要你可以打开自己的思路。

我想起维克多·弗兰克尔有一本书，叫《活出生命的意义》，这本书我经常在课上推荐给学生，不是因为这本书的结构多么好、故事多么有趣、思想多么先进，而是因为这本书里有一句话一直震撼着我："当人被逼到毫无选择的时候，选择态度的自由，是人可以拥有的最后一项自由。"

我第一次读这本书时，被感动到热泪盈眶，因为那时我正在迷茫，觉得自己没选择了，一辈子能看到底了。但书里说，人被逼到绝境的时候，还是会有选择，这个选择或许是最后的选择：态度的自由。

维克多在"二战"时被关进了纳粹集中营。面对被逼死的人生，面对死胡同，他依旧发现，在集中营里有些人在读书，用玻璃片把胡子刮了，把皮鞋擦干净了，他们毫无选择，却依旧决定做一些改变。

他们的选择，只有两个字，叫"积极"。

天啊，生命到了最后的阶段，竟然还有选择。

我们又何尝没有选择呢？

我想起威廉·格拉瑟的《选择理论》里讲的一个故事：

有一个患者叫托德，他和妻子的婚姻已经走到尽头，两人都知道他们的婚姻已经无法挽回了，但托德就是不想离婚，他害怕做出这样的选择，或者被迫做出这样的选择。威廉·格拉瑟引导托德，希望他能再多对妻子表达一些心意。要知道，自己并不是没有选择。于是托德决定，最后再做一次尝试，他给妻子写了一封饱含爱意的信，妻子很感动，但这并不是什么励志故事，妻子还是离开了他。可在这之后，托德却对威廉·格拉瑟说，他感觉好多了。

其实托德早已知道结果一定会是这样，在他的选择里，一直只有离婚和不离婚，但他这次，给了自己第三个选择——通过爱的方式跟妻子说放手。所以对于托德来说，他通过努力，多了一项选择。他在向妻子示爱的时候，也在逐渐调整自己的思考方式，他意识到并不是哪一个人使他快乐，而是爱和被爱的感觉让他热泪盈眶。他在内心深处增加了一个选择：把原本那幅"和妻子在一起才能快乐"的画面改成了"和相爱的人在一起才能幸福"，他的痛苦也就随之消散了。

4.

生活里选择的智慧，不只如此。

我在几年前遇到过一个中年女人，每天被酗酒的老公家暴，痛不欲生，自己也没了工作，家庭生活一塌糊涂。生了孩子后体形严重发福，许多病也找上了门。在她的描述里，自己一无是处，悲观绝望，毫无选择。

我说："是吗？"

她说："当然是，我已经被生活逼上了绝路。"

但其实并非如此，每个人都有自己的选择，虽然这个选择十分艰难。

一个月后，她搬出了自己的家，租了套小房子，找父母来帮忙带孩子，主动接受新生活，她开始走进健身房。很快，她发现自己一个人带孩子也很好，这样的生活也有属于自己的另一番天地。于是，她选择了离婚，自己带孩子。两个月后，她瘦了将近二十斤，重要的是，她过得很开心。我再次见到她的时候，她像是回到了青春年少。

她现在还经常直播跟别人分享：别那么悲观，更不要把这个世界弄得那么苦大仇深，人就算被逼到绝路，也是有选择的，就算你的背后是一堵墙，也可以翻墙再创造一条路，甚至可以大喊一声"我是亿万富翁，我摊牌了"，然后撒腿就跑……

很多人喜欢问那些成功女性这么一个问题：家庭和工作之间，你是怎么选择的？这样的问题，其实是一个戏剧问题，就好比你妈妈跟你老婆掉进河里你先救谁一样。

在戏剧中，编剧喜欢把主人公放在"两难"的境地，让他左右为难，让他怎么选都痛不欲生。

但生活不同于戏剧，生活给我们的选择往往多于戏剧里的桥段，那些认真生活的人，根本不用非要在家庭和工作中做选择不可。

这世界其实没有死路，心死的人多了，才到处死气沉沉；脑死的人多了，才到处是绝路。

可惜的是，太多人都把自己的路走成了末路，然后仰天泪崩，说自己无路可退，接着低头哭泣，说自己死路一条。

所有的死路，背后都是贫瘠的思路。

路是走出来的，是在生活里自己摸索出来的，而且，请一定记住，我们总有各种意想不到的选择。

越长大，
越要去解锁更大的地图

1.

我曾在一次聚会上讲过一个故事：

一天，我在香港尖沙咀的诚品书店读书，读累了，绕来绕去，绕到一家咖啡厅，想去点一杯咖啡。结果灾难的事情来了：服务生小姑娘不会说普通话，我也不会说粤语。不知道小姑娘是不是刚到这家店工作，竟然也找不到菜单，让我用手语比画。这回麻烦了，因为我喝咖啡毛病特别多，不能加糖，不能加奶——就算加奶，也只能加脱脂的；就算加糖，也只能是半糖……我的天，这些信息我该怎么跟她表述？

但好在，几分钟后，我坐在海港城的上方，看着这座城市的高楼大厦，看着一艘艘邮轮，看着一群群游客在拍照，而我的手边，除了电脑，还放着一杯美式咖啡，加脱脂的奶，半糖。

为什么呢？

是因为我跟这位小姑娘刚好都会另一种语言：英语。

我在那次聚会时讲完了这个故事。那天，好像大家都喝得有点儿多，一位年纪大的朋友听完，说了一句话："不就会两句英语吗，显摆什么？"

我在想我哪里显摆了，后来我也急了："是的，就是会两句，就是要显摆，要不你也去显摆啊？"

他继续辩论："我不觉得会两句英语很牛×，现在人工智能翻译软件那么准确，会外语有什么用？我觉得这一点儿也不牛。"

一旁的朋友插了嘴，说："那你说，什么叫牛呢？"

他愣住了，似乎也不知道如何定义，于是那天我们成功地把一次争吵转化成了一次探讨：什么叫牛？

人和人，真的可以比较吗？如果和别人不能比较，那可以和自己比较吗？

当天晚上，这个问题一直在我的脑海里徘徊，是啊，什么叫牛呢？人生海海，喜乐无常，碌碌无为也能是一种牛，平平淡淡也可是一种真，牛到底是什么意思呢？

几天后，我看到了一位旧友的朋友圈，她正在北极看极光。

这不算牛，但想起她的经历，这件事情就显得很牛了：她从河南一个小村庄走出来，面朝黄土背朝天，高考考上北京师范大学，后来又被保送到北大读研，在北京工作两年，赚的钱几乎都寄给了家里。在父母的逼迫下，结了婚，结婚一年后，发现丈夫出轨，坚决把婚离了，开始周游世界。她弄了个自媒体，写自己的旅行游记，逐渐有了广告和代言。今年她三十三岁，已经去了四十多个国家。这样看，她牛吗？

我忽然想明白了，"牛"应该是这么定义的：随着年纪的增长，逐渐有了更强的能力解锁世界更大的版图。这样的人，就是牛。你当然可以说，我就喜欢平平淡淡，但你不能否认，她的生活，就是牛。

我突然想到，许多人都跟那天的大哥一样，人到中年，生命少了许多突破的可能，于是开始整天什么都不干，用逐渐增长的年纪指点江山。这算牛吗？如果说年纪大就牛，那只要我活着，我每年都长一岁，你说我牛不牛？

但我感谢他给我的启发，如果不是他的叫板，我也不会较真，不会思考这么一个问题。

2.

我想起曾经在希腊时遇到过的一位小姐姐，说是小姐姐，是因为她只比我大三个月，却会好几门外语。

希腊人的英文不太好，我除了简单的问候，几乎没有办法跟他们进行深入沟通。但那次去希腊，我是有着明确目的的——我要准备一门希腊神话课给学生讲，所以要到那里搜集资料。

可是，和希腊学者交流时光用英语是不行的，很可能连基本的人物名称都不能达成共识，所以前两天，我采访了好几位这方面的学者，却都徒劳无功，我的工作一下子陷入了僵局。

正在我一筹莫展时，经人介绍，认识了这位小姐姐。

小姐姐大学学的是英语，毕业后就留在了希腊当老师，再之后去了房地产公司工作，嫁给了一个雅典人。一开始她和丈夫还用英语对话，久而久之，她觉得必须深刻理解自己嫁的人的文化背景，于是决定学希腊语。

她告诉我，人工智能可以翻译出文字，但是翻译不出文化。

我们都知道学习一门语言的艰难性，但她很有天赋。没过多久，她竟然能与人进行简单的对话了。逐渐地，她一边做自己的生意，一边还兼职当起了翻译。

我还记得第三天，我们和一位专门研究希腊神话的老师进行了长达三个小时的对话,我的笔记本上记得满满的都是各种符号,收获颇丰。

完事后我跟小姐姐说:"太感谢了,我也想学希腊语。"

助理在一旁说:"学这干吗啊?这不已经完成任务了吗?"

我说:"我也不知道,瞎学着玩呗。"

那天晚上,我跟她学了几句打招呼的方式,同时也学会了一些希腊字母。在学习第一个字母时,我就意识到,自己的世界版图又要扩大了。

这是我第一次知道,我们儿时学的欧米伽、伽马、阿尔法都是来自希腊字母,而这些字母,不仅在数学、物理、化学里被广泛运用,在文学、宗教、哲学里也有大量的应用。瞬间,我学过的这些散知识被串联起来了,我认识世界的角度又开阔了一些。

后来我对希腊的哲学、历史都开始感兴趣,这又给了我很多动力去阅读相关的资料和图书。

我曾经说过:学外语不仅仅是为了通过考试,你会发现,学好一门外语,能够让你增加对世界认知的角度,久而久之,你看世界就不再是片面的,而是立体的了。

所以我认为,当一个人逐渐长大,他牛的标志,是他更能明白,世界是大的,宇宙是浩瀚的,我们虽然渺小,但我们正通过努力，使自己的版图越来越大。

3.

当然，扩大版图不只是靠语言。

我又想起另一件跟语言有关系的事情。我第一次去日本旅游时就发现，日本人说英语时发音很奇怪，听起来让我觉得毛骨悚然。在那里，我连起码的问路都成了问题。

我以为自己不会再去这个国家了，没承想，很快，就有了第二次去日本的机会。这一次更可怕，不是去旅游，而是要和日本的一群作家进行交流。

想想就觉得头大，我连问路都听不懂，何况文化交流呢？

于是，我提前一个月报了个日语班，准备拿出励志的本事。可是，在学了半个月日语后，我一直引以为傲的语言天赋丝毫没有帮到我。不是发音不准，就是语法乱七八糟，这学日语居然比学英语还要难。

长久没有长进的话，人是容易崩溃的，于是在一个夜晚，我跟我的日语老师发飙了：学了半个月，为什么没有任何长进？

虽然我知道，才学半个月，本身就不会有太多长进。

好在我的日语老师没有着急，反而问我为什么这么急迫地学日语。

我说了缘由,她愣了一下,说:"其实,你可以买个翻译笔,或者下载个App,为什么要报班呢?"

还说:"如果你需要翻译的内容比较复杂,花点儿钱就行了,有很多在线翻译的同传,虽然不便宜,但很准确。"

我的妈,怎么不早说。

于是,半个月后,我拿着一支翻译笔,来到了日本。

那几天,大家几乎在没有障碍地对话,我们除了聊文学,还聊到了我那支翻译笔,感叹人工智能会不会有一天彻底代替人类。

很快,有人终于问到了点子上:"尚龙,这支笔多少钱?我们想人手一支。"

我说:"笔是三千多,但是翻译贵,程序里的人工翻译一小时要好几百块,有的要上千。你们准备什么时候买?"

此时,许多人面露难色,刚说想人手一支的哥们儿,第一个打了退堂鼓。

我忽然明白,人到中年,解锁地图的方式除了才华和知识,财富和圈层竟然也是必不可少的。

但财富和圈层,也与才华和知识息息相关。

4.

到了三十岁，我总是在感叹：人终究会长大，也终究会随着时间变得更成熟。

曾经年轻时熬夜一个星期，酗酒三四天，一天就能缓过来。现在，我越来越感到身体不如从前，压力却比从前要大。

从前总是安慰自己，未来会越来越好的。但其实，我越来越不认为日子会越来越好过，大多数人的日子都是越来越难。

但也不必绝望，能让人日子变好的唯一方法，就是越长大，越要去解锁更大的地图。

这地图，不仅是去过的地方，还有看世界的角度，以及自己的认知和能力。

地图越大的人，需要的努力也越多，但同时，日子也会越来越简单。

很多时候，只有到了中年，才会逐渐明白青年时这些努力的意义。人们恍然大悟：那些努力，原来最终都是在解锁自己生命中更大的地图。

永远不为颓废找理由

1.

前段时间,一位同学给我留言,说:现在什么都不想做,就想等疫情结束再说。然后又说了一堆有的没的。

我本来想安慰她,说疫情会结束的,后来发现不对劲,因为这已经是第三个人给我发同样的信息了。

我忽然想起,一年前的这个时候,也有人给我发了条类似的私信,他说:现在什么都不想做,就想等考研出成绩。

我又想到半年前也有人这么跟我说:现在什么都不想做,就想等放假再说。

我还想起两个月前有人跟我说:现在什么都不想做,就想等 2020 年到来。

当然，还有人这么说：今天什么都不想做，等明天吧。

类似的例子，我还能举很多。当老师这些年，我看到了各种各样的学生，遇到了各种各样的理由。

我开始明白一件事，颓废是不需要理由的，因为颓废的理由太多，你数不过来。只要你想颓，就能有数不清的理由，而且看起来都特有道理。

而不颓的人，往往不需要刻意说什么，只需要做点儿什么就好。他们不需要任何理由，也没有任何理由能限制自己。

于是，我发了条微博，只有一句话："不要颓，要自己给自己能量，无论发生了什么，请记住，今年才刚刚开始。"这句话又被转发得到处都是，又引起了许多人的共鸣。

2.

这些年我越来越明白，人的颓废是不需要理由的。很多人在没人提醒的日子里，一天比一天颓废，当发现自己已经快没救了的时候，就怪罪于这个时代，怪罪于这个社会。

仔细看，一个人不想去工作，不想去学习，不想去锻炼，不想去做任何事，都会习惯性地找理由，所以才有了那么多奇怪的理由：

大环境不好；

经济下滑；

股市崩盘；

疫情暴发……

其实，这些事情对人类整体来说，都是不小的灾难，但对于我们个体来说，根本不能成为我们颓的理由。

为什么每次失败都是因为大环境不好？这说不通啊，你能量这么大吗？

所以我实在不能相信，你待在家里，就没法学习；就如我也不相信，你去自习室就一定是去学习那样。这都是做给别人看的，而不是学给自己的。

其实，那位同学这么说，还有一层意思：无非就是想告诉大家，我现在颓没关系，你看，环境不好不能怪我，何况你看大家都这样。

我想说并不是每个人都这样。很多人并没有让自己颓废，而是在认真地读书学习、工作赚钱。

那我想问，他们为什么没受疫情影响，还在每天让自己进步呢？

3.

我曾说过"尽人事,听天命"这六个字很重要。

之所以重要,是因为我们要改变能改变的,接受不能改变的。就好比这次疫情,出不了门是不能改变的,但选择是颓废还是积极,是能改变的。我们不能用不能改变的东西去限制能改变的态度和心境。

其实越是这个时候,你越应该回到某个许过愿望的起点,想想那个时候的自己,曾给自己定下了什么目标,现在离这个目标还有多远。别人颓废的时候,你成长;别人放弃的时候,你坚持。人无非是这样,一点点变得和别人不一样。

曾有本书把美国的"60后"说成是颓废的一代,直到今天,我们还能看到那些颓废者的影子。但仔细看那一代人,并不是那批颓废的人把飞船送上了太空,相反,是那一代人中没有颓废的人,爆发出了超强的能力,改变了世界。

4.

无论我们信不信,这个世界,已经落到了我们这代人的手中。无论我们走到哪里,都应该选择去拥抱时代,拥抱社会,拥抱身边的每一个人。重要的是，拥抱自己。

有人说，人一辈子都在高潮和低潮中浮沉，唯有庸碌的人，生活才如死水一般。或者要有极高的修养，方能廓然无累，真正解脱。只要高潮不过分使你紧张，低潮不过分使你颓废，就好了。

愿你早日度过低潮，永远不为颓废找理由。

完成比完美更重要

1.

一位同学在下课时问我:"老师,我考研,应该买什么样的单词书?"

我说:"随便,买什么样的都行。"

这周已经是第三个同学问我应该买什么样的单词书了。

当英语老师这么多年,已经数不清有多少同学问过我,要买什么样的单词书了。其实每次只要听到这个问题,我就很确定:无论我说买什么单词书,无论他最后买了什么单词书,他多半都背不完。因为如果买过单词书,应该很清楚地知道,单词书几乎都一样,无非是排版和顺序的不同,说白了基本都是那么多词。可惜的是,没几个人能背完。

我们甚至为了不回答大家的问题,自主开发了单词书,在系统班里送给大家。但在课上,还是有同学问,怎么用啊?

事实是,怎么用都可以,你可以从前背到后,也可以从后背到前,你甚至可以从中间开始背。

那他们为什么还要问呢?因为问这些问题的同学背后有一个底层的逻辑:不愿开始。

我曾经研究过很多同学,看看他们为什么不能背完单词书,答案都指向了一个特别有趣的方向:因为他们追求完美,所以从来不开始。

因为他们一直在寻找完美的开始时间,所以从来不开始;因为他们一直在寻找完美的状态,所以从来没在状态;因为他们一直在寻找完美的方法,所以从来都是错误的方法……他们找着找着,就再也不开始了,所以永远无法完成。

这是个很奇怪的逻辑:因为追求完美,所以从不完成;因为不完成,所以不完美。这世界真有趣。

而其实,我想告诉你,比完美更重要的是完成。

这话一开始并不是我说的,而是扎克伯格在早期创业的时候,贴在办公室墙上的一条标语:"比完美更重要的是完成。"他说这句话是为了激励员工按时完成任务,快速行动。对于企业家来说,先行动然后慢慢调整的策略更重要。而对我们来说,先让自己学起来，比思考怎么学更重要。

我想起自己第一次背单词书的经历，也没有多完美。那时还没有高铁，我坐在回家的普快列车上顺手打开了一本崭新的单词书，一个词一个词地开始背，可惜，背了后面忘了前面，就这样跌跌撞撞地持续了十三个小时。

到家后第二天，我醒来继续拿起书背，因为如果不坚持，昨天的十三个小时就白费了。

我不记得背了多少天，那些狼狈的日子，恍如隔世。应该是第十几天时，我背到了最后一章，合上书的一刹那，我叹了口气，打开书的刹那，一口气又吸了进来 —— 因为我忘得差不多了。

但我安慰自己，好在，我完成了。

于是我开始了第二遍，第三遍，开始了一边配合真题一边记单词的第四遍。

直到今天，这些单词我已背得滚瓜烂熟，在任何时候，我都能回忆起来。

那是我第一次背单词的经历，并不完美。

但因为先完成了，所以，才有了之后的完美。

2.

越长大越发现,那些总是追求完美主义的人,最后过得都挺一般,甚至,从来没看到他们真正意义上做出完美的事情。那天我看《哈佛商业评论》,里面有一句话:追求卓越型的完美主义者(excellence-seeking perfectionism)对所有事情都是高标准、严要求。问题是,他们不光是希望自己表现"完美",对其他人也同样抱有极高的期待。所以你会发现,在职场上和完美主义者一起共事,往往会特别累,他们永远在跟你纠缠细节。

不仅如此,很多完美主义者都备受拖延症困扰,因为他们不敢接受"不够完美",所以总是把事情拖到不得不做的时候再做。而一做,往往又会耗费大量的时间在细节上,到头来还是把事情弄砸了。

什么时候,追求完美在工作和学习中开始变成了一个贬义词?

原因很简单,因为完美不是一开始对自我的要求,而是在行动中不断调整得到的。

我想起我的一位好朋友,他什么都不去做,只会拼命地说、拼命地想,然后每次一做,都千疮百孔、漏洞百出,接着就是自信心被打击,最后又回到了原点,继续想象着如何完美开始。

直到今天他还是这样，成天一副自己什么都知道、什么都明白的样子。最可怕的是，他还指责别人，说别人做得不好。

人总在思想中追求完美，是一件很可怕的事情，因为完美的事情本身就不存在，就算存在，也应该是在行动中逐渐调整出来的。

《哈佛商业评论》也提到了一个方法：要从追求"必须完美"（perfect），变成追求"够好就行"（good enough）。重要的是，你要做点儿什么。

就好比你在考研的路上，总是去想，却从来不做点儿什么，这是很危险的。

高手永远追求完美，但同时接纳自己的不完美，因为高手从不停在想象中。他们先去做，做着做着，就知道怎么前行了，一边做一边去调整，这才是高手所为。

我记得在签售的时候，一位读者很可爱，他说："龙哥，看你写了小说，我觉得我也能写。"全场都在鼓掌，我也竖起了大拇指。

但我开玩笑地说："你这是错觉，写写就知道了。"

大家开始笑，可我说的是真的。

当天他就开始动笔，过了很长一段时间后，他告诉我，他写着写着才发现，自己连"的地得"都分不清，更别说写作的结构和细节应该如何搭建了。他还私信我说："我对写作一无所知。"

我回："别气馁，持续行动着，再试试看。"

一年后，他完成了自己的第一部小说，他找了很多出版社，都被拒绝了。他说："我知道写得一般，甚至可能出版不了，但我至少明白了要去行动。"

我跟他说："别着急，虽然完成了，但是还要完善，最后才能完美。"

于是，他开始修改自己的小说，甚至为此报了我的一个写作班去上课，我知道这个过程可能需要更多的时间，这是一条很难的路，但至少他离完美更近了。

我期待他的小说能够出版，但我更期待的是，他能继续努力，逼近真正的完美，虽然这一切，还需要时间。

3.

我想这个公式在成长中很重要，在考研的路上、工作的路上、成长的路上都格外重要，所以我特意总结给你看：完美＝完成＋完善。

但前提是你应该先完成，换句话说，你要先行动，把事情画上一个句号，接着再一点点精进，才能逐渐接近完美。

就好比雕刻一尊雕塑，最先完成的应该是轮廓，接着要花很久的时间去打磨细节。而不是想当然地觉得，这个东西，我也能做，然后想着想着，就不了了之了。当然，我们依旧会发现身边还是有很多眼高手低的人总是在嚷嚷着自己也行。没关系，那些人不是我们要效仿的对象。

话语上的巨人并不是巨人，行动上的矮子才是真侏儒。

随着时间的推移，你会越来越感觉到，一些人做着做着就变得越来越厉害，一些人说着说着就再也不做了。

4.

有段时间，经济不景气，好多朋友、同事都找我聊天，想问问我应该怎么办。

其实我本来想问问他们的想法，倒变成了他们对我的询问和抱怨，可能是负能量太多，那些话语，对我产生了一些影响。

那段日子，我有一个感受，觉得这个世界或许正在出现问题，至少并不是我们想的那么乐观。

准确来说，这世界从某些角度看，在变得越来越不好。

但我很快清醒了过来：可是，朋友，我们能怎么办？我们谁能靠一己之力改变大环境？我们谁能一句话就改变世界？

那么，我们应该怎么做？是抱怨、指责还是谩骂？是互相攻击，是相互发泄，还是无止境地发牢骚？

在迷茫的时候，请一定别忘记那些最简单有力的话，它们最容易被人忘记，也最容易被唤醒。比如：完成比完美重要，行动总比话语管用。

后来我给那几位朋友发了条信息，我说：我不知道你们怎么想，但我想唯一能做的就是少说两句，多做点儿什么。

其实，我们这一代人经历的时代变迁太快，许多人早已经无话可说，因为在一些敏感事情的背后，无论说什么，都只会让这个世界越来越糟，说着说着，我们就成了糟糕的一部分。

所以，做点儿什么吧。我很喜欢古典老师的生活逻辑，但凡遇到什么麻烦，他总是温柔而美好地说："那……我们能做点儿什么呢？"这样的人，怎么会颓废呢？

去完成，去创造，去改变，至少要记住，让自己完美。好的方式只有一个：先迈出第一步，再慢慢完善，你总能看到曙光。

PART.3

时代一直在变,
你为何一成不变

我们的征途,
是星辰大海。

当你又忙又累，
\ 必须人间清醒

时代一直在变，
你为何一成不变

1.

我和悠悠约在一个酒吧见面，一人点了杯白开水，她说："我们快两年没见了吧。"

我想了想说："上次见面，是两年前的一个秋天。"我转头看了看外面的树，树叶已经凋零，北风吹得一条街上空空荡荡的，只有几个外卖小哥在焦急地赶单子，一切都像在结束，连同时间。

我们住得并不远，走路也就十来分钟，平日却很难见上一面，似乎谁也不会特地为谁走这十来分钟。她问我："你还记得我们是怎么认识的吗？"

我说："我记得。"

说完,我的思绪被拉回到那次相识的时候。那是一次热闹的聚会,包间里,有一位主持人、一位演员、一位作家、一位制片人,还有一个她以及一个不知如何定义的我。推杯换盏、欢声笑语,从不认识到熟悉,恐怕只需要几个笑话和一杯酒,不像从熟悉到陌生,可能需要更多的时间。我有些不记得那天晚上具体发生的事情,只记得那天我很快就置身于欢乐中,不知喝了多少酒,说了多少妄语和笑话。

我定神了几秒,意识到一件事,于是跟她说:"你知道吗?我们那一桌的六个人,只有我们两个现在还在北京,其他人都走了。"

她一惊,仔细盘算着:"是真的,只剩我们俩了。他们是怎么离开这座城市的?"

是啊,他们是怎么离开北京的?又有多少人,昨天才重逢,今天就各奔前程了。

这座城市,为什么总是不容易留住人?

2.

就在几天前,我接到了那位主持人朋友的电话,他告诉我,下个月要去美国读书了。

我问他为什么。他说:"还不是为了更好地生活?"

我本想问,你现在不好吗?但想了想,还是没开口。若一切顺利,谁愿奔走他乡?

于是我说:"好,那你走前,一定聚聚。"

他本来是很有名的主持人,也曾获得过很多荣誉,但他也慢慢明白,平台给自己的,往往也很容易被收回。在体制里,看似一切都很稳定,只要大船在开,就总能跟着大船朝前走,哪怕走得很慢,至少不用太费力气。可是,在这个变化如此快的时代,大船虽然会开,但大船也会沉。

逃生要靠小船,这是《泰坦尼克号》教给我们的道理。

他曾告诉过我,主持这个行业正在被大规模替代。一些节目已经不再需要主持人了,连人工智能也能顺利入场,扮演主持人的身份,大平台不再是保护神。我说,其他行业难道不是这样吗?他说,他顾及不到其他行业,他只是意识到自己的活儿开始越来越少了。

他知道什么不应该做,却也不知道应该做什么,忽然的焦虑,让自己不知道应该去向何方。

这些年他没少折腾:每个晚上都活跃在各个饭局里,每个白天都在各大商学院学习,路上耳朵里塞的是"罗振宇",睡前放的是"樊登读书会",但这些知识,并没有让他更清醒,反而让他更焦虑了。

成年人的崩溃，都是从小事开始的：跟他热恋两年的女生，突然提出分手，女生搬走那天，他没有哭，到楼下星巴克买了杯咖啡。他拿到咖啡后喝了一口，然后问服务员："咖啡里为什么加了糖？"服务员说："您没说咖啡里不让加糖啊。"他说："我买了这么多年咖啡，从来不加糖，我怎么可能没说？"服务员说："我确定你没说。"他说："放屁！"说完蹲在地上就哭了起来。服务员吓了一跳，他一边哭还一边用纯正的播音腔说："你们为什么都欺负我啊……"

我猜他离开北京的原因有很多，但"因为一个人，告别一个城"可能是主要的，挫折能让人远走高飞。我曾写过，北京下了场大雪，这场大雪会让多少人相爱，又会让多少人分开。其实并不是大雪的原因，而是每一天，在这个城市，都充斥着离别。许多不再联系的离别，就成了永别。

分别是常态，孤独是终身的主题。

于是在最后一次聚会结束时，我对他说，去美国了也要多联系。

他说，必需的。

"必需的"这三个字自从开始流行，就变成了应付差事的口头禅。当一个人说"必需的"时，总让人觉得不省心，觉得像是

"不需的"。

他离别时还是哭了,这是我第一次见他流泪,他说是吃火锅辣的,而我知道,是生活辣的。

3.

我跟悠悠继续坐在那个酒吧里聊天。

我说回了那天聚会中的那位作家。他很早就写了几本畅销书,每一本都能赚到一些钱。在出版这个行业里,销量就代表着财富,可有了点儿钱,他没存下来,除了到处挥霍,还在三环边上租了一套两居室。

可是,随着他的灵感越来越少,作品质量越来越差,出版的速度也慢了下来,他从三环搬到了四环。很快,他又搬到了五环,没过多久,从五环搬到了接近六环的通州。时代就像是一个拳头,一圈圈地把他打出圈外,让他毫无还手之力。

他曾经问我:"尚龙,为什么我的书之前还挺畅销,现在就没人读了呢?"

我没说话,但其实,我是有答案的。这个时代,每一年被大众接受的概念都不一样,比如2015年到2016年,大家喜欢的是励志;2017年,大家喜欢的是知识和干货;2018年,大家期待解决沟通问题；到了 2019 年，很多人喜欢上了养生……你看，这个时代一直在变，但我们很多创作者，竟然都不变了，一招鲜吃遍天。

没过多久，他告诉我，自己想离开北京，透透气。他想去新疆旅游，很快回来。

但这一走，就是一年。

这一年，他从新疆自驾到了西藏，到了云南，他以为一路上可以获得灵感，却颗粒无收。更可怕的是，他回到北京时，竟然发现没有人理他了：聚会时大家已经习惯没有他，开会时大家已经习惯他在远方，活动时也没人叫他。于是，他回到北京，跟我草草地见了一面，就离开了。

这一回，他再也没回来过，据说回老家结了婚。

是啊，这才离开了多久，就已经被这座城市遗忘了。

我曾读过陆铭教授的《大国大城》。书里说，特大城市人口不能通过行政手段控制，低技能劳动力的流入，恰恰是高技能劳动力的流入派生出来的。但现在看来，人们离开城市，可能不是因为政策和行政手段，而是因为自己。

北京像是一个高冷的帅哥，他喜欢跟他同样个头儿和温度的女孩，倘若你要离开，他也不会流泪，重要的是，你也不会再回来。

当你又忙又累，
\ 必须人间清醒

4.

我跟悠悠说，我一直不鼓励那些遇到一点儿挫折就离开这座城市往云南、新疆、西藏跑的人，因为一旦离开，很可能就失去更多，尤其是已经在大城市里有了一亩三分地的人。

就这样，我喝完了好几杯白开水，继续回忆这些年的故事：同样因为离开就回不来的，还有那位演员朋友。

我还记得那天她红着眼睛喝了一杯又一杯红酒，跟我们说，无论如何，她都要演下去，因为她是个演员，她要演到让所有人都记住她。

好大的理想。在认识她之前，她已经演了好几个网络大电影的女二号和女一号。还记得那天聚会，我跟作家朋友说，你写一个好故事，让制片人朋友找导演，最后把剧本递给她，让她来演，咱们这条产业链就齐了。他们问我负责什么，我说我负责收钱……

2018年，影视圈像是跌入了冰点，演员朋友就是在这个节骨眼儿上丢了工作，回家了。

后面的日子里，我因为到处出差，见过她几次。她很容易喝大，喝大后就表演着曾经演过的桥段。

我问她还会回北京吗。

她说:"在家里挺好,自己找了男朋友,已经准备结婚了。"

我问:"你还会演吗?"

她说:"我三十了,还演什么?剩下的日子,演好自己就行。"还说,"有些人,一辈子都演不好自己。"

这是我第一次听人说"演好自己"时,后背渗出一丝悲凉。

5.

悠悠说这是一座悲情的城市,所以离开的人都充满着悲伤,连白开水凉得都快。

我说,那个制片人朋友离开北京的原因其实并不那么悲观。

他离开北京,仅仅是因为深圳的政策比北京好。比起北京复杂的积分落户,"来了就是深圳人"显然带来更多的方便。

那个夏天,他带着自己公司的团队,离开了北京,去开拓南方市场。许多不愿离开北京的小伙伴,就离开了他。我不知道他在南方混得如何,想必也不会太容易,毕竟,没有一条路是好走的。

我时常会想念他,但他的朋友圈,就如人间蒸发一样,无影无踪。人和人的关系，就是这么脆弱：关闭了朋友圈，就如丢失了一个朋友。

每次我去深圳出差，都见不到他，他说他忙着到处跑；他在北京时，我又飞到了其他城市。

最近一次相见，竟然是在机场。我去厕所时，他在系鞋带，我撞上他时，他抬起头刚准备骂，认出了是我。

许久未见，忽然重逢，竟无言以对，寒暄了两句，就各自奔走离别。

在飞机上安静下来，我才忽然意识到，有好多话，竟没来得及说出口，或者明明想说，却不知道怎么开口。

他好像也这么想，给我发了条信息：咱们抽空一定要聚聚。

我是这么回的：必需的。

6.

在那个夜晚，我跟悠悠说："每次相聚，都可能会是最后一次。未来，我们会在哪儿呢？"

她有些泪目，但不知不觉，已经到了深夜。

我们还是喝了两杯酒，分别了。

我手揣着兜在北京的夜空下行走，昏黄的光照在身上，我看着自己的影子，感觉格外迷茫。那些离开北京的人，你们还好吗？

我想，他们也曾问过：那些留在北京的人，你们还好吗？

但凡热爱，
总有意外

宋方金老师写了部戏，叫《热爱》。这部戏真的是一波三折，一开始名字叫《家是一座城》，后来改名叫《新围城》，最后才定下来，叫《热爱》。这部戏我从头到尾跟了下来，亲眼看见一个剧本如何一点点变成一部银幕作品的。连陈道明老师都说："这部戏能诞生，真的是太不容易了。"我看到陈道明老师的头发都白了，还在帮这部戏选演员，定方案。他们都是电影圈的老炮儿，能支撑他们到今天的原因可能并不是什么努力和坚持，而是热爱，是无比热爱。因为热爱，才在自己的领域做出了不同。

在过去很长一段时间，都是宋方金老师为我的新书站台，在我的发布会上经常损我，今天终于轮到我给他的新书站台了。这篇文章，就是写在他新书发布会上的演讲稿。

他在我新书发布会上损我的话，我今天终于可以损回去了。我等这一天，已经等了好多年了。但好像宋老师是故意躲我似的，出了好多书，就是不办发布会，所以这些话我一直憋着没有场合说，但我们终于迎来了这部戏，所以今天，我想好好聊一聊，热爱到底是什么。

严格意义上说，我并不属于影视圈的一分子，但我很喜欢电影，我自己也拍过几部电影，拍得很差，浪费了投资人的钱和自己的精力，所以我多半在这些年不会再拍电影了。但是拍电影给了我一个启发，就是很多事情，并不是你喜欢就能办成，更别提做到卓越，我们多半只能坚持三分钟的热度。想要做成一件事，最重要的应该是热爱。

什么是热爱呢？很多人跟我一样，以为热爱就是喜欢，所以总容易产生错觉：认为我那么喜欢电影，我能不能做导演呢？我那么喜欢看书，为什么就不能成作家呢？我那么喜欢英语，为什么不能当英语老师呢？人啊，永远不要低估专业的重要性，也别高估自己的能力，很多人对专业一无所知。热爱不是喜欢，热爱是你愿意为此付出生命的一种情感，热爱是你遭受无比打击后依旧对这个行业拥有的热情。从这个角度说，我对文学创作的热爱是足够的。

据我长期观察,宋方金老师最热爱的只有两件事:写剧本和喝酒。因为热爱写作,所以他写作时经常彻夜不眠,金句频出。我经常会在写完一本小说后,第一时间递给他,他看完后第一时间给我发信息:"弟,写得太好,要喝一杯。"所以他第二件热爱的事就来了。因为他热爱喝酒,每次都酩酊大醉。一边喝酒,一边告诉我,一些细节可以继续推敲。就这样,我写出了《刺》和《人设》这两本小说。

还记得我第一次见到宋老师时,就被他对酒的热爱所感动。心想,一个人竟然能爱酒爱到这种程度。那是在三里屯的一家餐厅,他穿着一身黄色的衣服,嘴里念念有词,一会儿是成语,一会儿是诗篇。我因为要上课,所以迟到了,赶到后,看见大家已经横七竖八,赶紧说:"我自罚三杯。"

他说:"不用罚,因为酒太贵。"

我问:"这是什么酒?"

他说:"这是茅台。"

我年纪轻轻,确实没听过茅台是什么,于是在桌子底下查了一下价格,吓了一跳,一瓶当时要一千块钱,据说现在又涨价了。于是我弱弱地问:"哥,你经常喝这个酒吗?"

他说:"也不是经常,我只喝茅台。"瞬间,我就被吓到了。

这是一个什么层次的人?

我还记得那天酒局结束前,我也喝大了,我跟宋老师说:"哥,我今天学习了很多,从今天开始,我也只喝茅台了。我要向你学习,虽然我不知道我能不能买得起,但我要励志喝好酒。"

宋老师非常高兴,我直到今天才知道,宋老师之所以高兴,是因为以后的日子里,终于有人给他带茅台了。大家知道我是一个比较励志的人,但凡决定做什么,总喜欢做到极致,喝酒也是。可是茅台实在太贵了,真的喝不起,喝一瓶倒还好,如果买一箱,我的钱包会流泪。所以,有一天,我质疑宋老师:"哥,为什么一定要喝最贵的酒呢?"

宋老师一边喝一边说:"弟,你这么想,如果你这辈子要喝很多酒,就一定要喝最好的,要不容易伤身体;如果你这辈子喝很少的酒,那为什么不喝最好的呢?"

我说:"哥,这道理简直是无敌了。道理我都懂,喝最好的酒,百利少害,问题是,没钱啊。如果一个人没钱,该怎么喝?"

宋老师缓缓地说:"只要你足够热爱,一切都如蝴蝶飞来。"

我是瞬间被打动的,是的,我还不够热爱,于是我发了条朋友圈:从今天起,我只喝茅台。请朋友们主动请我喝。

这条朋友圈发完,断了我的后路,我不爱也要爱了。果然,从那天之后,我的朋友少了好多。

但是巧了,找我乱喝酒瞎喝酒的朋友少了,我自己的无效社交也就少了。从那天起,找我喝酒的只有两类人:第一类是真的想跟我聚聚,于是带了瓶好酒,这是一种真感情;第二类是真的有事相求,于是带了瓶好酒,这是一门真生意。我少了大量的无效社交,节省下来的时间都可以拿来创作和工作。重要的是,当我决定只喝茅台时,我自己喝的酒也变少了,因为实在没钱喝了。我也就是从那时开始,意识到热爱的重要性。只要你充满热爱,连喝酒这件事都能喝出门道。

这些年我获得了一些小小的成就,都跟热爱有关,我开始热爱一件事情时,总会有一些标志:第一,用尽全力去做到极致,不留遗憾;第二,我会让所有人知道,我没有退路;第三,我坚持做,从来不中断。

所以,我逢人见面要么自己带一瓶茅台,要么就不喝酒,而且我一直坚持,从来没有被打乱过节奏。热爱带来持久,热爱带来热忱。

可是,但凡热爱,也就总有意外。

我因为参加饭局的时候,老自己带酒,所以我只喝茅台这件事情很快传得沸沸扬扬,作家圈子里的人都知道了。直到有一天,一位自媒体朋友把我写进了微信号,说我喝酒只喝茅台,这是一种人生智慧。几天后，连茅台酒厂都知道了这件事，他们在公众号发了一篇文章，题目是：畅销书作家李尚龙，喝酒只喝茅台。

我不知道这事儿具体是怎么传过去的，但是这样不经过我的允许用我的名字做广告实在是太不体面了。

于是我很生气地在他们公众号后台甩下一句话："你好，我是李尚龙。"小编吓了一跳，赶紧加了我的微信。第一句话就说："李尚龙老师，真不好意思，向您道歉。"说完就给我打了个红包。

这时摆在我面前的是一个非常纠结而令人尴尬的选择：这红包收还是不收？收，最多也就二百；不收，可能二百都没有。我一下子明白了我的身价，这么点儿广告费，忽悠谁？

于是我想了想，说："红包我就不收了，但我真的很热爱你们的酒，可否给我订一批？"

就这样，在北京的某个夜晚，宋方金老师的饭桌上，出现了李尚龙尊享款的茅台。上面写着我曾经写过的一句话："耐住寂寞，守住繁华。"虽然看到的是这么几个字，但每次我倒酒的时候，都会想起宋方金老师的那句话：只要你足够热爱，一切都如蝴蝶飞来。

因为热爱，连喝酒这件事都可以让世界为我们改变一点儿，更何况其他的事情呢。只要你热爱，世界或许就会为你改变。我想起身边许多朋友，他们之所以在自己的领域里有了些成就，往往并不是因为自己的坚持，而是因为他无比热爱，所以坚持无非是热爱的副产品，成就也是。这就是我总是鼓励年轻的朋友，要做自己喜欢的事情的原因。

好景不长，很快我定制的这批酒都被宋方金老师喝完了。但没关系，因为热爱，所以总会重逢，我相信下一批酒不会遥远。接下来我就不出来喝酒了，我要好好写作，要不然明年连二锅头都喝不起了。因为热爱，我并不担心结果，哪怕结果不好，至少我曾爱过。

这些年，但凡你去问一个人：你曾热爱的人和事，后来都怎么样了？

你总能得到一些令人难过和悔恨的答案。尤其到了年底，这些情绪会更加明显。

但我比较幸运，我曾经热爱的人，依旧在身旁；我曾经热爱的事，现在也没放弃。

因为但凡热爱什么，我必定用尽全力，坚持到底，最后，哪怕改变不了世界，也要让世界为我们改变一点点。

这是宋方金老师对酒的热爱给我带来的启发。

他的热爱还告诉我另一个道理：但凡你决定开始写作，就要无比热爱它，用尽全力，写出生命，哪怕前方一片黑暗，也绝对不要放弃。

这两条热爱带来的启示，我铭记于心。

不给人生设限，
才有无限可能

1.

我认识 Carrie 的时候，还不知道她的真名，只知道她长期在美国和中国之间飞来飞去，好风光。她好像是海航的投资人，经常跟别人一起谈一些项目，项目好投钱，项目不好也不浪费自己的时间。直到她开始跟我在朋友圈互动，另一个共同好友忽然给我留言说："你也认识李总？"我才有些疑惑地问他，你是在叫我吗？因为我也姓李。就这样，我才知道她也姓李，起了个非常男性化的名字，具体叫什么，不说了，那之后我才更深一步了解了她。

她出生在南方的一个小村庄，家里有一个弟弟，在生下她后，她妈妈听一些怪力乱神说，如果给第一个女孩子起一个男性化点儿的名字,当作男孩子养,下一胎才可能会是男孩。于是,Carrie 就被当成男孩子养了好多年,小姑娘跟村里的小伙子打架、玩泥巴、爬树,还经常把别的男生打哭。当男孩养的日子里,她有了不怕苦不怕累的精神。上高中后,在同学的提醒下,她才开始稍微注意自己的言行,尤其是有了闺密后,她终于意识到自己其实是个女孩子。于是她硬撑着,让自己有点儿女孩子味道——穿裙子,穿高跟鞋,涂口红……差点儿没让老师开除。

十八岁时,她靠着自己的英语水平,顺利考上了外国语学院。从那天起,很少有人知道她的真名,因为她下定决心,要给自己改个好听的名字,于是她给自己改了名字叫 Carrie。她的同学都这么叫她。我问她为什么要改这个名字,她说,因为她喜欢《生活大爆炸》里谢耳朵的女朋友:做最难的事情,搞定最难搞的男人。

其实改名字很正常,改名字是打破人设的第一步。很多人都是在改了名字后,生活有了更大的改变,因为一个人如何称呼你,直接影响到他如何理解你。比如刘德华本来的名字叫刘福荣,张国荣的本名叫张荣发,冯德伦的原名叫冯进财。

我不知道他们如果坚持原来的名字会怎么样,但能确定的是,肯定不如现在的名字这样受欢迎。

名字有时候真的是一个人的排面。

2.

毕业后她经人推荐进了海航,从投资助理一直干到了投资人。

我是在一个读书会上认识的她,大家自我介绍时,都说自己的中文名,只有她站起来的时候,说自己叫 Carrie。Carrie 很有趣,有趣到你跟她聊什么话题,她都能扯到自己的领域,然后滔滔不绝。似乎没有什么话题她不懂,也没有什么话题不能聊,男生喜欢聊的话题,她也能碰。后来熟了,总在一起吃饭,她聊着聊着,别人就没得聊了,她总能让一个局热闹起来,尤其是在她喝了两杯酒后,便会滔滔不绝,才不管这个局里有没有地位更高的人。

我很欣赏她的自我,就是那种上来就告诉你,我就这德行,似乎没什么可怕的,也没什么可以失去的模样。

有段日子,我们一帮人经常没事就找个餐厅吃饭,喝点儿酒,度过一个晚上。她在的日子,连一些理科男都会觉得有了更多意思,她让一个个夜晚妙语连珠。直到有一天,她忽然消失了,一晃十几天没发朋友圈,我给她发了条信息,也没回,打电话也是关机,后来过了很久我才知道,她去了美国。

海航派她去谈一个在美国的投资,她谈完投资,就给领导发了封邮件:"我申请辞职,任务已经完成,我想在美国多待两天。"

说完拔掉了电话卡,换成了当地的号,开始旅游了。

这久违的假期让她毫无抵抗,于是她买了张票,去了洛杉矶的海边。在那儿,她遇到了一件更有意思的事。

3.

她在脸书上看到朋友发了条征集广告,说有部戏是好莱坞在美国的项目,需要寻找英语好的中国女演员。已经有很多演员去面试了,但都因为英语不好而没有通过。她赶紧做了份简历投了过去,过了还不到一个小时,就接到了电话,人家说,让她去试试。后来她才知道,之所以这么快同意她试试,是因为她的简历是英文的,没有写满中文,让别人翻译。

她在导演面前念着那段戏里的台词,时不时地还做出一些夸张的动作,这是她第一次演戏。第一次演好莱坞的戏,她演着演着,来感觉了,还加了一些语气词,现场很多美国人,都捂着嘴笑。演完后,她回到酒店。第二天,导演给她打电话,说:

"别走了,我们帮你申请一下签证,女一号就是你。"

她觉得自己的运气爆棚了,这才换回电话卡,一条条回复大家,说自己准备在洛杉矶待半年。就这样,我们有机会通了个电话,她说,她要转行做演员了,演的还是女一号,之前××和×××都来试戏了,都没成功,她一次性成功了。

我说:"你说的这俩我都不认识,那你演的是个什么?"

她笑了笑:"演了个女鬼。"

我才知道,她演的是鬼片。

于是我开玩笑地说:"祝你在那边一切平安。"从那之后,她的朋友圈开始活跃了,偶尔发一些片场的花絮,也时常发一些在美国的生活细节,总是很开心。

半年的时间很快,日子只要用心过,就没有必要去倒数。一次特别偶然的机会,我在香港办事,刚下飞机打开手机,就看到她发了条朋友圈,她竟然也在香港国际机场。我一开始没当回事,但第二天更有趣的事情来了,我居然在飞机上看到了她。只是半年没见,她跟之前又不同了,这次的变化很大,头发短了,瘦了好多,我甚至不太确定是不是她,于是尝试着给她发了条信息,才知道果然是她。她转身玩命地跟我招手,我也挥了挥胳膊。

下飞机后,我跟她约在一家机场附近的餐厅吃饭,我问她想吃什么，她说："必须是中餐。"

我说："好一个中国人的胃，跟我一样，我也是一回国就想吃点儿中餐，哪怕是吃顿饺子。"

她说："我就是受够了在国外的一切。"

我没问她具体的事情，只问她："戏拍得怎么样？"

她说："那必须很牛，估计明年就能看了。"

我又问："那以后是不是准备从事演艺事业了？"

她说："我这次回来，是要去一家律师事务所面试，姐以后要当律师了……"

4.

我们就这么吃着晚饭聊着天，我才知道这半年她的生活里都发生了什么。

她到了好莱坞，发现自己竟然成了抢手的香饽饽，好多男生追她，亚洲女孩子在美国的受欢迎程度可想而知。当地的一些华人男孩，许多都是富二代，却很寂寞无奈。于是她在刚入组的一个月里，就忙于两件事：背台词，选男生。

有个男生一直跟她讲结婚的事情，说什么结了婚，她就可以在美国拿绿卡；结了婚，她就可以住在男生洛杉矶的家。她很好奇地问，她干吗要美国绿卡，干吗要住在他的家里，重要的是她干吗跟他结婚？但是那个男生整天缠着她，每天她拍戏收工，他就在片场开着车拿着花，等着她，带她去社交，介绍她认识他的朋友。

久而久之，Carrie觉得他挺不错的，至少是个实际的男孩，就答应和他在一起了。

可几天后，男孩的朋友约她去自己家喝酒，说不用担心，因为还有他的女朋友也在。于是她放下戒备，开着租的车就去了那个人的别墅。进了别墅才发现，那个女生一点儿也不像他的女朋友，聊了没几句，就上楼跟另一个男生视频去了，留她和那个男生在一楼喝酒。她知道自己的酒量，所以每次差不多的时候，就会立刻停下来。那个男生一边给她倒酒，一边跟她讲故事，故事里满满都是她男朋友过去的婚恋史还有背叛其他女生的故事。那一个个故事，让她想到了《了不起的盖茨比》里奢华的生活。

忽然她意识到，自己进入了一个十分复杂的圈子，这个圈子很乱，乱到她开始流眼泪。那个男生说："你可以跟我好，用这样的方式来报复他。"

她猛地喝了一口酒，就是这口酒，让她差点儿昏了过去。她摇摇晃晃走进厕所，用水洗脸，才发现电视上演的都是假的，用冷水洗脸，越洗人越不清醒。

她很确定，自己的酒有问题。因为她从来没有这么晕过，她知道一杯威士忌是什么量，哪怕是一杯50多度的白酒，也不至于让她晕成这样。于是，她用尽了全力，拨通了911。她也不知道从哪里迸发出的力气，她大声喊着："Please help me."（请帮帮我）然后准确地说出了地址，直到那个男生走了进来，抢走了她的手机。

好在十分钟后，警车就停在了别墅前。

警察看见她醉醺醺地躺在地上，就问男生怎么了，男生说："我们就是喝多了，真的没事，何况我有女朋友。"说着，他就把楼上的女生叫了下来。女生说："是的，我们是男女朋友。"警察调查半天，对Carrie说："你以后少喝点儿，你跑别人家喝酒喝成这样，还说别人伤害你，你怎么想的？"

说完，警察就走了。

警车刚走的瞬间，她一把推开那个男生，冲进了自己车里。她一脚油门，差点儿撞上了马路牙子，幸亏路上没人，她才能开走。等到开过了几个街区，她才把钥匙拔了，靠在车里睡着了。第二天，她去医院做了检查，医生问她昨天做了什么。

她说："没有，我只是喝酒了。"

医生摇摇头，说："血液里有问题，我们确定。"

她忽然明白了一切。

她问医生,这个结果可以给我吗?她怀疑别人给她下了药。医生说:"可以给你,但是有个问题,姑娘,你没有办法证明是别人做的,因为也有可能是你自己做了什么。其实,我们这之前也有过这样的案例,但女方一点儿办法也没有,法律上,无解。"说完医生摇了摇头。

就这样,她在医院住了几天,脑子里一直乱七八糟的。

5.

让她下定决心学法律的,是她出院的时候发生的事。医生问她有没有医保,她说没有。

医生点了点头,在纸上写了 5000 美元。

她吓了一跳,问为什么这么多。

医生说,加州就是这样。

她说:"你们一开始为什么没说多少钱?我就住了几天,输了几瓶液,何况我现在也没有那么多钱啊。"

医生说:"我们当然要先救人,没那么多钱可以让朋友转。"

于是她打电话跟制片人求助,制片人怕耽误戏,赶紧来到医院,跟医生说了一句话:"我们没有医保,而且也没有那么多钱，我们现在要走出这个大门，你要有什么事情，跟我的律师说。"说完，就大步带着她走了出去。

在路上，制片人说："在美国有很多医院，如果你没有医保，医生说多少钱就是多少钱，可以多，也可以少。对你来说，你不给原则上都没问题，他要这么多是不合理的。"

第二天，她收到了一封来自医院的邮件：这次的费用是150美元。

5000美元和150美元，这中间，是知识造成的差距，是无知的代价。

她直接去了医院，拿着150美元，交给了医生。也就是那天，她决定要学法律，只有这样才不会被人欺负。

于是她在收工后，调整了自己的生活。她首先拒绝了那些无聊的邀请，接着自己跑去当地的图书馆借阅了与法律相关的书。她还通过一些朋友，找到了北京的一家律师事务所，她给人家发信息，说等这部戏结束后，能否去实习。

就这样，她一步步从法盲到具备了一些专业知识，直到前些日子，她已经入职了那家律师事务所实习。

6.

从世俗的意义上看,这并不是一段成功的故事。

毕竟直到今天她也没有腰缠万贯,更没有大红大紫,甚至没有通过法律来赚钱。

但如果回望她的起点——一个资源匮乏的小山村走出的女孩,这个自传,至少写到今天是精彩的。因为她从那个地方走出来,走到了世界。她从一个职业,跨到了另一个职业,没有停息,一直前行着。

我曾跟一个朋友聊过 Carrie 的生活,他问我,我觉得她跟其他女孩子有什么不同。

我想了想,认为可能有以下两点吧:

第一,她没有给自己设限,一直允许自己更换轨道。

第二,想到什么,就立刻去做。而不是一直干想,什么也不做。

朋友说:"那听起来很简单啊。"

我说:"是啊,这看似很简单的两条,执行起来却无比艰难。因为大多数的人,首先在脑子里就有无数的墙,他们做任何事情首先想到的都是:不行吧。还有一些人,可能有无数的想法,但是到头来,却什么也没做。"

他又问我："最后一次见 Carrie 是什么时候？"

我说："就在那天我们聊了几句后，很快就分别了。"

他问我为什么再没见过。

我不知道，但我想，她不会在什么地方停留太久吧，因为她的征途是星辰大海。

思维不僵化，
才能千变万化

1.

一个许久没见的朋友，忽然在重逢时告诉我：他不再喝酒了。

我问他为什么，他也不说。

但我清楚地记得，他曾经不仅喝酒，还酗酒，不仅酗酒，有段日子，每天晚上我们都在一起喝酒喝到断片儿。有时是为了谁的生日而纪念，有时候是为了生日后一天而纪念。

曾经很多次我们都喝到酩酊大醉。还记得有一天，他意识清醒地跟我说：我们去喝点儿啤的清醒清醒。

天啊，多么可怕的一个酒鬼！喝点儿啤酒，还清醒清醒。

我还记得有一次，我实在不想喝酒，于是跟他说，我今天喝饮料。他疯了似的说:"李尚龙,如果不喝酒,活着还有什么意义!"

其他人戒酒我都信,唯独他打死我都不信。

今年他刚在父母的牵线下结了婚,在双方家长的资助下,在北京郊区付了个首付,从那之后,就很少出来喝酒了。果然,家庭是改变生活方式的最好良药。

不喝酒的日子,他人变了很多。以前总是疯疯癫癫、滔滔不绝的,可今天一个下午,他就坐在那儿,内向到不行,话少到没招。不知为什么,曾经与他勾肩搭背的我,总觉得他很陌生。于是我提议:"要不咱们去喝两杯吧!"

他说:"真不了,就是想你了,想来见见你。我已经三个月没有喝酒了。"

我没问为什么,因为这些年,早就习惯看到身边哪个朋友,要么忽然戒烟,要么忽然断食,要么忽然吃素,要么忽然生活发生变化。

生活总能给你意想不到的变化,人们总喜欢通过惩罚自己,来控制世界的多变。

生活的变化总能给你意外的惊喜或者惊吓,但根据我的长期观察,惊吓的可能比惊喜多。就好比不知曾几何时,我们这批人中,已经有同龄人离婚又再婚了,已经有人掉头发了。

我和他又聊了几句,发现彼此都很难进入话题。有时候语言无法打破的地方,酒就成了秘密武器。虽然两个人不怎么熟悉,但只要喝两杯酒,话匣子就打开了。可是这次,显然我们失败了,谁都没法打开对方的心扉。

沉默成了那天沟通的主题。

我不记得坐了多久,只记得临走前,他跟我简单地说了一句话,让我大概猜到了他戒酒的原因,他说:"我想换一种生活,就是那种清醒一点儿的生活。"

我点点头,挥别了他。

自那之后,他更少跟大家聚会了。但我们还是喜欢喝点儿酒,而他因为自己的习惯,慢慢离开了酒桌,远离了聚会,过上了自己的生活。

他也很少发朋友圈,很长一段时间,我都觉得他活在月亮上,开始不近人间烟火。面对世俗的节奏,声声吆喝催促,他都在退却。

其实那天我也想说,我很想念他。

但没有酒,我说不出口。

2.

人到了三十来岁，就很容易发现青春时光的流逝、世界万物的崩塌，有些过去很好的朋友，会因为一个突然的改变，和你渐行渐远。于是"改变"成了人生的主题。

比如你曾经的发小，忽然不再跟你联系；比如那个曾经放荡不羁的哥们儿，忽然结了婚；比如一个富二代，忽然找你借4000元钱……随着见过的事情越来越多，我们也越来越能接受生命的形态本来就是千差万别的。世界上唯一不变的东西，还是改变。

于是，我们开始接受，身边的人们做出什么改变，都不会觉得奇怪。

在一个无聊的上午，我读完了彼得·汉德克的《骂观众》，从第一句开始，就深深着迷。我很喜欢戏剧，从刚来北京就在看老舍的《茶馆》——人艺的保留剧目，后来还喜欢看开心麻花的剧目。我看《夏洛特烦恼》的那年，站在舞台上表演的还是没有红的沈腾和马丽。孟京辉的戏剧我几乎每一部都看过十来遍，连他们的演员都成了我的好朋友。我之所以喜欢戏剧，是因为每次在剧院里关掉手机置身于故事中的感觉是极其放松舒适的。我曾经说过，故事是生命的指南针。我很难想象，没有故事的戏剧，会是什么样子。

但彼得·汉德克做到了。

整个一场戏，没有一个故事，全部是语言的接龙和繁殖，他把一个本该给观众看的戏剧，变成了一行行骂观众的语言。我在刚开始读时，就被震撼了。在一个剧本里，作者竟然打破故事叙述，向观众的思维提出挑战，原来戏剧不一定是故事，也可以是语言的接龙。

是啊，谁说戏剧就一定要是故事呢？这就好比一个人在告诉这个世界上的你和我，生命的形态不仅是朝九晚五和浪迹天涯，还有待着。是的，就待着，发呆。

我查过史料，当时德国的许多观众看完这部戏后，坐在剧院里半天，久久不愿离开。因为这部戏剧，让他们受到震撼，最重要的是，他们忽然间明白：原来所有习以为常的事情，其实可以有另一种模样。

正如我们每天都是循规蹈矩，但凡能有些小小的突破，生活便会突然有了新的意义。而这一切动作上的意义，都是从思维的改变开始的。

思维，多么抽象的一个词，竟然可以到达宇宙万物的身旁。

所以，一个人忽然变了意味着什么？

意味着他一定厌倦了自己的某种生活，意味着他脑子里的某些墙轰然倒塌，突然意识到自己应该做些改变。

而随着人到中年，这些墙越来越明显，它们逐渐高大，逐渐坚不可摧，也越来越容易让人看不到希望。好在，世界上还有勇者，他们用力抵抗，让墙坍塌了，他们的世界也变大了。

可是，并不是每个人的世界都大了，还有些墙塌了之后，会如何？答案是，又会建立新的墙。

我曾经问过一位四十岁的大哥，他刚刚辞职——在人最不能辞职的年纪里，辞职了。

我说我不能理解他为什么这么冲动，毕竟他上有老下有小，说辞职就辞职，这一家人该怎么办。

他一直沉默，没有说话。

我再三追问，他是这么回我的："怎么，你也来批评我吗？"

我愣在原地，是啊，我又有什么资格批评他呢，我了解他多少呢？我要是他，是不是做得还没有他好呢？

谁知道他是不是有了自己的想法和新的生活形态呢？

于是，我赶紧道歉，改为祝福。

这个世界有很多种生活方式，也有很多种意识形态和行为准则，我们放弃了一种，不代表这种一定不对。人的思维，应该如汪洋大海，波涛汹涌。每一朵浪花，都不一样，就如每一片叶子，飘落在海上，都应该有自己的名字。

谁能说，我的这一朵，就永远是对的呢？

3.

人的思维本来应该没有限制。行为不能乱来的原因，是由于有社会准则和道德要求。但思维应该是无所畏惧的，思维可以穿越到海角天涯，带领我们跨向宇宙，走回过去，走向远方。因为只有这样，我们才能在思维里，找到属于自己的行为准则，从而微微地改变我们的行为。是的，哪怕只有一点点。

我忽然明白，那位哥们儿为什么不愿意喝酒了。

因为他厌倦了喝完酒后，依旧虚伪的模样；厌倦了被酒精控制，还无法自拔的自己；厌倦了喝了酒还睡不着的时光……曾几何时，我难道不也是这么想的吗？

我曾在某一个深夜，在纸上写下这么一句话：希望新的一年，我能掌控一些自己的生活。比如，少喝酒，面对实在要喝酒的应酬，要有能力说"不"。如果一定要喝，就要高兴地喝，和朋友喝，不要因为一些毫无意义的事情喝到不省人事。

这些年，酒打破了我对现有世界的认知，甚至让我突破情感，到达另一个世界，这些对我来说都是自我突破。我本来是一个很内向的人，甚至不知道如何表达情感，但每次喝完酒，都能比较好地表现出眼泪和微笑。我曾经说过，在这个世俗的世界里，判断一个人是否被异化很简单，就看他能否表达感情。

可是问题来了：每天喝酒跟每天不喝酒，不一样是循规蹈矩吗？

我忽然懂了。

原来人之所以变化，是因为有些人的思维一直在僵化，而有些人的思维，却已走向宇宙，于是，他们的生活才千变万化。

我希望自己也成为这样的人。

当你又忙又累，
必须人间清醒

永远与最靠谱的人并肩作战

1.

我是在手机上刷视频时忽然刷到娜姐的。

如今的她已经和我当年认识的她完全不同，穿着一身干练的套装，讲着自己如何从月薪3000一路打拼，直到开始创业，变成一家知识服务公司的CEO，霸气外露，好不威风。

我想起她上台前给我发的信息："龙哥，上台了，好紧张，怎么办？"

人啊，看到的都是表象，所有的伟大背后都是上台前的颤抖。

我这人有时候不看手机，刚准备回她时，收到了她另一条信息："讲完了，讲得还行。"

我有点儿尴尬,说:"那就好。"

她说:"抽空喝两杯?"

我说:"好。"

我的思绪,忽然定格在 2015 年的最后一天,那时的娜姐还不会喝酒,我们几个朋友一边喝着清酒,一边听着虫鸣,而她坐在旁边只喝茶,时不时地说:"龙哥,我会把你这本书做好的。"

喝着喝着,我们就迎来了 2016 年的第一天。

2.

我和娜姐的缘分来自我 2016 年的一本书《你所谓的稳定,不过是在浪费生命》。

其实出版圈里的人都知道,我早年时常犯二犯轴,常让编辑受不了。我总是深夜给编辑发一篇文章,说:"你看我这篇写得好不好?"

而娜姐却比我还轴,她比我还能熬,总是在我深夜发了信息后的几分钟跟我说:"写得不怎么样。"

然后,就没有然后了。

因为关系好,所以彼此说话总是没有把门儿的,想到什么就张口说了。

但第二天早上,她会在很早的时候给我发条信息:"我刚才又看了一遍,写得真好啊。"

后来我才知道,她在做我书的时候,刚刚结束了一段长达十年的爱情长跑,咬着牙断掉了这段感情,孤身一人来到北京。没有资源,没有朋友,于是经常在夜晚失眠似的跑神,第二天早上又精神百倍,重新看这个世界。

我总对她说,不要总是把爱情的优先级调整到这么高,人生除了爱情,还有一些更美好的东西。

后来她慢慢懂了,于是对我说,她一定会让那些瞧不起她的人后悔。

我鼓励她:"那就先从做好这本书开始吧,千里之行始于足下。"

她说:"龙哥,我会好好把这本书做好的。"

3.

娜姐很努力,每做一件事都倾尽全力,像是拿着灵魂在撕扯,拿着生命在坚定。

我第一次去出版社找娜姐,走到前台问:"你好,我找你们公司的李娜。"

前台抬起头,身子前倾着,说:"哪个李娜,我们这儿有好多李娜。"

可以想象,这个人多么没有存在感。

后来为了避免跟前台进行如此无聊的对话,我跟娜姐都约晚上的时间,等他们公司其他的李娜都下班了,我们再沟通。

记得有那么一段日子,每天我们几个人就在那间小屋里碰这本书的具体细节,碰完就找个地方喝酒吃饭。娜姐时常跟我们吃完饭又回到公司继续工作。

我们做《你所谓的稳定,不过是在浪费生命》的封面时,娜姐在深夜跟设计师碰出一只猫,在驳倒了几十个封面后,她拿着这个带猫的封面找领导,领导说:"这只猫有什么好看的?"

可是娜姐坚持,说这只猫的感觉特别像龙哥的文字,柔软中有坚定。

在她的坚持下,这只猫通过了审批,不久,这本书成为年度畅销书。那天后,许多励志书的封面上都是动物,整个出版界差点儿成了动物世界。领导又拿着这本书,说:"这只猫真好看啊。"

后来我们做《你要么出众,要么出局》时,娜姐又逼疯了好几个设计师。随着我们的配合越来越默契,这本书也成了年度畅销书。那一年,好多励志书的封面上都是奇形怪状的车以及红色的书名、白色的底。

再后来我一去出版社,前台小姐姐就微笑着说:"来找李娜的吧?"

我开玩笑,说:"哪个李娜?"

4.

这个世界往往只有偏执狂才能获得成功,娜姐就是这样。她从一个来自小山村的姑娘,一点点成为行内有头有脸的编辑,通过自己的努力买了房,生活也在改变着,一切都在变好。

其实,在这个圈子里,很少有编辑和作者能成为好朋友,因为在合作的过程中一定会有矛盾。

好在,这些年我们关系一直很好,几乎每周都会找个理由喝两杯。

但好景不长。2017年,我在柳州的一所高中做签售,一位同学的提问让全场发出了刺耳的笑声。于是我拒绝了继续签售,当天晚上连续发了几条微博,和这个学校的学生吵了起来。

事情开始变得越来越复杂,当地的书店害怕事情闹大,就告诉出版社:如果尚龙老师继续在网上说这件事,我们就不结尾款。

出版社和我沟通无果，后来，他们不知道从哪儿听到李尚龙这个人重感情只听朋友的话，于是派娜姐从北京空降到柳州。

那天，在一个酒吧里，我一肚子气，知道她来了是要说服我，但我不知道应该跟她说什么。

在我喝了几杯酒后，娜姐鼓足勇气开始劝我，说："龙哥，你微信公众号里的那篇文章，删除了吧。"

我继续喝着酒，想着那天这所学校爆发的笑声，说不出话。

她继续说："龙哥，我这次确实是带着任务来的，是来劝你删掉那篇文章，劝你别管了。"

她看我不说话，有些着急："龙哥，你别管了好吗？我听说昨天晚上有人敲你的门，还有人在私信里威胁你，你要不明天就飞回去吧，好吗？我知道你做的事是对的，但是做不好，关系都搞砸了。"

我喝了杯中的酒，又打开了一瓶红的，喝着喝着眼睛就红了，我说："娜姐，我们最终谁也打不赢这个××的时代，我们最终都会成为自己讨厌的人。"

于是，我给小编打了个电话，说："五分钟后，如果我没有给你发信息，你就把那篇文章删了吧。"

我把手机放在桌子上，跟娜姐说："娜姐，我们有五分钟去决定，我们是要做一个所谓的好人，还是要做一个对的人。如果我们要做好人,就当作这件事情不存在;如果我们要做对的人,就让校方给个说法。"

时间一分一秒地过去,娜姐拿起红酒瓶,对着口,一口气喝完了。

她脸通红,咬着牙跟我说:"龙哥,你爱干吗就干吗吧,我知道你是对的……这事儿,我不管了,大不了被开除。"

我笑了笑,打给了小编,说:"别删,跟他们干。"

小编说:"龙哥,五分钟已经过了,我已经删了……"

那天,我们又喝了很多,一起敬这个××的时代。虽然我知道第二天一大早我就要离开这个地方回北京,但借着酒劲儿,我还是跟娜姐说:"娜姐,你还记得你小时候的事情吗?"

她把脸一捂,眼睛红了。

5.

娜姐小的时候双腿有问题,做了好几次手术,才逐渐可以拄着拐走路。

可是,村里学校的孩子总是嘲笑她,欺负她,她想追过去打,却跑不起来,只能看着他们一边跑,一边哈哈大笑。

直到有一天,几个坏孩子把她的拐挂在树上,让她自己来拿,看着她一瘸一拐的样子,发出刺耳的笑声。娜姐气不过,一个人从学校靠双手爬回了家。

回到家时,她满身是血。

那天晚上,我跟娜姐说:"你说,如果那个时候,有一个人站出来,说:'住手,这件事是不对的。'娜姐,你是不是会很开心?"

我记得那天晚上,她没再说什么话,一直摇着头。

回到北京后,我开始闭关写《刺》,我们的联系越来越少。

我终结了和娜姐的合作,把后面的几本书都拿到了其他公司出,以示我对这件事情的愤怒和不满。

就这样,我们分道扬镳,她继续服务她的新作者,我继续写我的新作品。一晃,一年多,谁也没联系过谁。

时间如白驹过隙,忽然而已。

直到有一天,她给我发了条信息:"龙哥,我辞职了,咱们喝两杯吧。"

6.

虽然联系得少,但我们依然是很好的朋友,知道她辞职朝前走了,我心里还是有些为她高兴。

她开了自己的公司,这家公司专注于知识传递和服务。他们已经开了很多课,有些是关于高考的,有些是关于销售的……感觉她一直在忙,却不知道在忙啥。

但无论如何,人只要在往前走,就应该被祝福。

我这些年一直很不喜欢知识付费的领域,不是因为知识不应该付费,而是因为这个行业没有真才实学的人太多。但娜姐既然决定进入,我只能祝福,也没有和她再合作。

江湖就是如此,有缘大家把酒相聚,无缘大家各自努力。

我们在工作上谁也没有打扰谁,都在各自的轨道上努力着。

有空就一起吃个饭,喝点儿酒,提醒她这个行业不好做,一定要小心骗子;没空就自己忙自己的事情,提醒自己勿忘初心,一定不要荒废技能。

直到一天晚上的聚会,酒过三巡、菜过五味,娜姐的表情开始凝重,甚至有些绝望。

我问她出了什么事。

许久,她终于说,公司快完蛋了。

饭局的气氛忽然冷了下来,大家谁也没有再说话。

我理解创业,创业就是九死一生,许多公司的愿望都不是百年老店,而是希望明天别死。

娜姐说:"这个行业的确不好做,水深,刚入行,许多事情不知道,这一年烧了很多钱,却一直没有起色。"

我说:"你为什么不早说?"

她扒拉着饭,耷拉着脸,说:"知道你们都忙。"

我说:"那我们能做点儿什么呢?"

娜姐有些尴尬,似乎不知道怎么跟我开口。

我说:"你就直说吧,都是朋友。"

她说:"龙哥,你出山吧。你帮我开一门课,就当帮我,这门课就叫'李尚龙的爆款故事课'吧。"她继续说,"第一是为了我们公司,第二你也应该出山了。"

接着,她说了句我很熟悉的话:"龙哥,我会把这件事做好的。"

7.

所以我答应娜姐出来讲课了,这门课就叫"李尚龙的爆款故事课"。感谢她,如果没有她,我也不会写下那么多的文字,分享那么多内容。

我在家做好了课件和上课的逐字稿,像往常一样:查资料,总结知识点,写PPT……这是我上课的惯例,从未变过。

几个月的时间里,我每天都在备课。

这是一门专门给写作者的写作课，我指的写作者，是要靠写作为生，是要通过这个实现自我价值的人。很快，我们的课就开了好几季，在写作课上，许多同学都实现了出书的梦想。除了讲课，我还帮他们修改文字，联系出版社。第一个出书的是著名导演王小列，他的那本小说《爸爸是只狗》如今已经进入影视化状态了。后续，越来越多的人开始动笔写下自己的故事和一些思考。每次他们出书的时候，我都会叫上娜姐一起吃个饭，喝两杯酒。

很快，我的写作课的稿子也会变成出版物，与各位见面。

但对我来说，比这个更高兴的是，相别几年，我和娜姐又相遇了。

分别是为了更好地相遇，重逢是为了见证彼此的成长。

青春总是如此，有些人离开了，有些人还在身旁，有些人想起来只剩泪光。

这该死的岁月里，我们或许会忘记一些人，暂别一些人，但总有些人，是散着散着忽然重逢了。

那些一直和自己并肩的人，着实令人难忘。

大的目标，
需要小步的努力

1.

自从我在公众号推荐了《遗愿清单》这部电影，就有许多人问我应该如何制订规划，比如一个月的规划，一年的规划，一生的规划。说真的，我也不知道，好在读过的书里有各种各样的答案。

我经常会分享曾国藩的一句话：大处着眼，小处着手。

这句话最初具体是谁说的，已经无法查证了，确定的是，曾国藩曾经说过，并引为自己的准则。这句话后面还有两句：群居守口，独处守心。

我对上半句话深感认同，每次在我迷茫不知道应该怎么面对未来时，这简单的八个字，却赋予我深厚的智慧，给我指引着方向：从大的方向去观看，从小的地方动手。

但是，越简单的道理，越难操作。

仔细观察身边，有多少人做反了呢？他们在小处着眼，结果什么也看不见；大处着手，最终什么也做不成。

2.

每到年初，所有人都在制订计划，设计梦想，这让计划显得廉价，也让梦想显得空洞无比。在年初看着年末，本身就是一种远观。原本看得越远，应该越容易看清，但有趣的是，许多人竟然越看越迷茫。

去年年初，我接到了立冬的消息，立冬说："龙哥，新的一年，你要再见到我抽烟，你就抽我。"

我愣了会儿，回他："你记得吗？五年前，你也是这么跟我说的。"

立冬是个烟鬼，自从生活开始不如意，就开始一根接着一根地抽起了烟。他最近几年的新年愿望都是希望自己可以戒烟成功，但这个愿望一直没有实现。

其实想戒烟什么时候都可以，没必要非要等到年初给自己设立这个目标。丹尼尔·平克的《时机管理》说，你这一年，有那么多第一次，54个周一，12个每月第一天，4个每个季度第一天，以及自己的生日、家人的生日……为什么不开始呢？

"大处着眼"这四个字看似简单，却透着无数智慧，于是我把这四个字分享给立冬。

当我们远观一年的计划时，用眼睛看一个大致方向就好，没必要落到实处，更没必要具体到我要把烟戒掉这么细的事，但做的时候，一定要从小处着手：每次拿起烟，提醒自己，别抽。

人在制定目标时，盯着的目标应该是庞大的，是一个大体的方向，而不应该是一个小的细节。

比如一个人今年的目标应该是努力成为一个健康的人，倘若实在需要通过抽烟来社交，自己又避不开，至少做到就算抽一口烟，也不要被烟瘾控制。倘若你感到这会儿状态不好，想抽烟，赶紧想其他办法避免自己犯错。按照这样的方向制定的目标，我们就称为大处着眼。就算偶尔抽了一根，也离不抽烟这个大方向近了很多。

所以，一个人一年的目标应该顺势而为，应该是一个大方向，而不应该是具体的小事。如果一个人眼睛看着的整天是鸡毛蒜皮的小事，这个人的动作往往会变形。

立冬在过去几年，经常在夜深人静的夜晚因为难受抽了烟，抽完烟更难受，从此变本加厉，无休无止。于是他听完我的话，

当你又忙又累，
必须人间清醒

做了件很可爱的事，买了一支电子烟，没事叼在嘴巴里。在年中的时候，他发现自己摆脱了尼古丁的控制，后来把电子烟也丢了，直到一点点戒掉了烟。可见，大方向很重要。

为什么大方向很重要呢？

我再分享个例子。前几天，我看了一部电影，实在不方便说叫什么，因为主创团队好几个人都是我的朋友。这些年，因为一首歌而改编成的电影越来越多，这些电影有这么几个特点：要么喜欢打回忆牌，要么喜欢打情怀牌。

我一直觉得人到了三十多岁，还在不停地强调自己的情怀、不停地追忆着过去，要么说明这个人这些年过得并不好，要么这个人只是把情怀当作筹码在圈钱。

果然，我查了查，这部电影无论是票房还是口碑都不尽如人意，既不叫好，也不卖座。

其实并不是因为故事没讲好，而是因为电影里的那个时代早已经过去。我记得青春片刚刚开始流行的时候，是因为我们大多数人没有更多选择去看其他类型的电影。而现在，时代已经变了，我们有更多的选择，谁还整天去追忆那时的似水年华？水如此平淡，何必要追忆？倘若此时，一个人还总是把眼睛盯在校园爱情、盯在初恋遗憾、盯在单身相恋这些小处上，动作必然会变形。做出来的东西为了完成小处的成就，很容易丢掉大处的可能。

这些年我越来越明白,这世界每个时代里都是有一股势的,有时候即使我们不顺着势去抓热点,蹭风口,至少也不要逆着来。

这些年中国的变化很大,我们已经不像那些年一样谁拍个电影就有无数的人去看了,因为那个时候一家就一台电视,不想看也得硬着头皮去看,注意力在那物质精神匮乏的年代是有红利的。

现在不一样,世界变了,如果还是按照过去的方式去做,到头来大家只会用脚投票,然后转身离开。

许多过去的影视圈老炮在这个时代为什么总是遭遇滑铁卢,原因也是如此,因为他们着眼的,总是一些奇怪的小事。他们觉得自己曾代表时代,但其实,时代不属于某个人,时代只属于做事的人,准确来说,时代属于事情,属于让人类进步的事情,属于让世界更亮的事情。

但仔细一看,身边许多人都把最重要的眼光放在了小处,于是要么因小失大,要么产生执念。

写到这儿,我忽然想起曾经有一位导演在拍戏的时候,一定要主人公脸上有一道疤。我大概听说过为什么要有这道疤,好像是原著对这道疤有执念。于是导演为了这道疤的形状、长度、大小，浪费了大量人力和时间，最后这部戏一塌糊涂。

我也忽然想起一个男孩子跟我讲的故事：在大三那年，他告诉自己一定要在这一年追上某个姑娘。我不知道他是开玩笑，还是故意的，总之最后弄得自己遍体鳞伤。大四时他丢了工作，考研也失败了，那个姑娘投入了别人的怀抱。倘若这个男孩子能把眼光盯在大处，比如：希望在大三这一年拥有更好的亲密关系，他是不是会变得更幸福一些？

这世界几乎所有的执念，都是因为没弄明白大处着眼。相反，他们都在小处着眼，于是，一叶障目，最后黑天摸地。

3.

比小处着眼更可怕的，叫大处着手。

我还是回到新年愿望，很多人跨年时会在朋友圈里写下这么一句话：希望新的一年，能善待自己。

"善待"其实就是人处着眼的智慧，这样做很漂亮。

但接下来麻烦了，想让时光善待你，你应该怎么做？

你仔细看身边的人，又反了。

他们什么也不做，只是默默期待。请问，这样谁会善待你？

让时光善待一个人，首先自己要善待自己。其实我们可以从小处着手，越小越好，越能看见，越容易实现。

比如你需要每天早起，就必须丢掉晚上没意义的社交和无聊的聚会，定个闹铃，让起床这件事有点儿仪式感；比如你需要每天都读书，就一定要把书放在床边，这样随时可以拿起来，或在手机里多下载几个读书的App；比如你需要一年瘦二十斤，就一定要弄清楚自己什么时候容易饿，应该如何具体调整自己的饮食，应该如何规律性地运动。

此时，越从小处着手，越容易达到眼睛里曾经看到的目标。

我又想起我在《刺》的剧组里跟导演有个交流，导演问我想要什么。

我知道导演问的是着眼的事情，倘若那时我说我要韩晓婷必须是长发，我要刘涛必须穿白衣服，这件事情多半会砸。

于是我说，我希望把校园暴力这件事情的残酷和无奈展现出来。

导演非常理解，他说，他明白了，接下来的事交给他做吧。

于是，他开始着手于每一个细节、每一个动作、每一句台词和人物构造。

不仅是生活中，在职场我们也同样需要明白这个道理。

领导是一个公司的眼，下属是一个公司的手，如果一个领导整天把眼睛盯着小处，下属的手，就一定会伸向大处。

这样的公司，走不远。

正确的方式应该是领导盯着目标，把方向告知下属，下属负责每件小事，一点点朝着目标前进。

看，这么简单的道理，却有太多人不知。

我时常在迷茫的时候做两件事：第一，看看大致的目标是否足够大；第二，看看着手的事情是否足够小。

这条人生准则时常令我受益，共勉。

向前走,莫回头

曾有一段时间,我的情绪非常糟糕,经常因为一点儿小事而失去理智,跟人大吵大闹。那段时间,我晚上睡不着觉,无论多晚,都在床上辗转反侧,脑子里无数想法如同千军万马塞满了每个角落。于是,为了让自己睡着,我开始不停地喝酒,但其实每次喝完酒,都像是昏了过去。在又一次和家人大吵一架后,我终于在他们面前哭出来了。我哭着说他们根本不懂我,哭着说我这些年的痛苦他们不知道,哭着哭着我就有些失态了,夺门而出。走到楼下看着来回的车辆,忽然间情绪又跌到谷底,我感到自己像要被负面情绪吞噬,好在我的应激状态忽然启动,停住了步伐,救了自己一命。这些年,我有一招专门针对自己情绪的方法，就是当情绪崩溃时，心里默默地跟自己说：李尚龙，注意你的呼吸。当我开始注意呼吸时，情绪就能缓和过来。

终于在第二天，我决定去看医生。经过做题、机器检测、人工诊断，我被确诊了抑郁症。

当诊断结果出现在诊断书上时，我甚至有些不敢相信自己的眼睛。

医生让我描述最近的状态，我竟然当着一个陌生人的面"哇"地哭了起来。

医生递给我一张纸，什么也没说。

而我却滔滔不绝，跟医生讲了好多：我说我是一个快上市公司的联合创始人，写过很多畅销书，也正面影响过一些人，但我自己却无比痛苦。尤其是自从我开始出名，开始有了点儿所谓的社会地位后，我更加不开心了。我不喜欢见到那么多人，不喜欢暴露在公开场合下，我甚至没有一天过得高兴，所以我每天都在喝酒，因为睡不着，所以不停地喝酒，一次比一次多，喝多第二天更难受。我感觉自己可以看到很多别人看不到的事情，听到许多别人听不清的声音……

我不知道说了多久，直到说干了眼泪。

我还记得医生对我说的那句话："这么年轻，就这么有成就，怎么会这样呢？"

显然，医生也不知道我是怎么一步步走到今天的。

医生给我开了药，建议我不要再无止境地工作了，停止喝酒，保证每天都要锻炼，重要的是，回归生活。我答应了医生，回到家的时候，我把诊断书发给了我姐。她吓了一跳，但还是告诉我："不会有事的，现在城市里的人，谁去检查都能查出点儿问题。"

这句话给了我很大的安慰。我比别人好一点儿的是，我读过的书多。我也读过很多有关抑郁症的书，书里有很多教人自救的方式，现在忽然能用在自己身上了。我想起书里说过的抑郁症的自救方法：首先，不能把它当回事，也不能不把它当回事。其次，要开始推掉大部分无关紧要的工作，推掉毫无意义的社交，回归生活。于是，我开始每天坚持锻炼，自己给自己做饭吃，我把微博注销了，朋友圈也关闭了，每天在家读读书，看看电影。但我做了一个比较大胆的决定，我没怎么吃药，就靠自己去恢复。

印第安人有句古老的谚语："如果我们身体走得太快，停一停，让灵魂跟上来。"

对我来说，偏偏是灵魂太快，身体跟不上来了。不仅是精神出了问题，我的身体也有好多地方开始报警了。我忽然想起加缪的那句话："重要的不是医好伤痛，而是带着伤痛生活。"

那段日子，我放开了令我窒息的工作，开始安排属于自己的生活。无论多忙，我每周都要跟朋友和家人见一面。朋友和家人成了我唯一的支柱，幸运的是，一个月后，我的精神状态好了很多，我不再发脾气了，能睡得很香，甚至也能喝两杯酒，但不会被酒精控制，内心安静了许多。

又过了段日子，我去医院复查，医生说："恭喜你，康复了。"

接着，我控制饮食，经常锻炼，身体也逐渐开始恢复健康。

我其实一直不太敢说这段经历，因为这段经历确实不那么令我开心。

康复那天，医生对我说："你们这样的人，心理多少都有些问题。"我笑了笑："我们这样的人？我们哪样的人？"

她说："你们这些成功人士。"

我"扑哧"一声笑了，我什么时候变成了成功人士。

回到家，我开始思索和总结自己过去的短短三十年。其实这些年，我经常会被人问道："龙哥，我应该怎样度过自己的青春？我应该怎样无怨无悔？我应该……"

由于做老师，我也经常会表达一些自己对生活的理解。

我的青春比大多数人要精彩，不是每个人都跟我一样，读军校立了二等功，英语演讲比赛拿了全国季军，大四退学，当了英语老师,后来又写书、拍电影……于是,我看到的,似乎更多一些。但这些事情给我带来了成就,同时也带来了疲倦。这些疲倦,变成了更多的问题。

很多问题是我自己都无法平衡的,长期失衡,总会带来更多无法叙述和解决的麻烦。

我曾跟我的兄长宋方金在一起喝酒时说过这件事,我说,一个整天鼓励别人的人,反而更需要被鼓励,因为他竟然被诊断成抑郁症。宋老师说,那是因为我每一件事情都太严格要求自己了,我的完美主义总有一天会害死我。我笑了笑说,我也不是处女座啊。我虽然在笑,但直到今天,我还是没有什么解决方案。

如今,我依旧不敢说自己是什么导师。每次在一些活动里,有主办方称我为年轻人的导师,我都十分害怕,要求他们删除这样的海报。

因为这个词离我太远。

在成长的路上,每个人都应该是孩子,都在摸着石头过河,只不过有的人摸的石头多,更能知道哪里石头多,什么石头扎脚。这时,这个人大声喊出来哪里好走,只能代表他见过的石头多、走的路多,不代表他就是什么导师。

这些年我非常害怕出名,更害怕到了一个所谓很高的层次。

我倒不害怕什么网络暴力,我害怕的是,当一个人走得很高时,他的痛苦会越来越罕见,他的寒冷不再有人可以共鸣,他的前方也没有什么人能引路。这样,他总会感到深深的无助和孤独。

我很感谢自己青春时的伙伴,很感谢那些指引我前进的书。我曾经在无比迷茫时打开一本书,认识了一位作者,他带我走了好远;我也曾在工作中,认识了好些朋友,他们献计献策,告诉我前方的路应该怎么走。那时,我只需要跟随他们的步伐,就能少走很多弯路,我只需要听他们的,问题就可以迎刃而解。

但随着人到中年,总觉得路越走越孤独,慢慢才知道,其实每个人,都要学会孤独长大。到最后,都是一个人自在又孤独地行走,有人陪伴,也只是一段路程。

当书中也没有路标和道路时,我们应该怎么办?

我曾在点评电影《天才枪手》时说:"人生没有选择题,你要怎么抄?"生活也是一样,当你走出书本的时候,还有什么地方可以给出答案,这一点是我一直不知道的。我想,这便是哲学和宗教带领我们前行的方向吧。

在我康复后,我越来越明白,生活的真谛很奥妙,我离它还有十万八千里,一味地工作只能短时间找到平衡感,久而久之,并不能完整自己。

于是,直到今天,我还在不停地摸索生活的真谛,希望继续努力后，可以慢慢靠近它。我曾在一个夜晚，跟一位挚友把酒言欢时说，诊断结果出来的那段日子，其实心反而放下了，知道这些年透支的身体要想办法偿还了。他问我后悔吗，我问后悔什么。他说，后悔自己那么拼命。我想了想，如果再给我一次青春，我依然会这样走，只是会告诉自己，有时候别那么拼了。但是，人生回不了头，人也没有先知能力，只知道得到的可能会失去。人生无非是选择和平衡：选择了 A 可能就失去了 B；平衡又是个动态，只能一边走，一边找平衡点。可惜的是，事前，谁也不知道应该选择什么，谁也不懂应该怎么平衡，于是只能边走边看。

这才是生命最美好的地方。

现在，我每天除了完成必要的工作外，也开始坚持锻炼了，只要没事，就一定在楼下跑几圈。每周无论多忙，也要回归家庭，哪怕只是陪家人吃顿简餐。每个月再多应酬，也要安排几天和朋友相聚。我知道，我的生活可能还会出现问题，就如每个人的生活一样。

但生活就是如此，我们经常思考它的真谛，却总是想不明白。就算想不明白，也不用怕，因为我们相信，我们一定会离它越来越近。

当你又忙又累,
必须人间清醒

有些人需要走很久,
才能到达心中的地方

1.

在我快三十岁这年,五月天又来到了鸟巢。

他们说,他们唱了许多年,终于回到了鸟巢。

我对身边二百多斤的胖子小西说:"你也用了很多年,才回到了鸟巢。"

他把手搭在我的肩膀上,说:"都不容易啊。"

我说:"是啊,生活哪儿有什么容易的事。"

2.

2008年,北京奥运会,刚好我和小西来到北京读大学。当时师兄们都在鸟巢和水立方安检站岗，我和小西说："我也想去鸟巢。"

他说："一定有机会。"

我说："那就这么定了，以后要去一次！"他说："定了！"

我退学后的第一年，五月天来到了鸟巢，我买了张看台的票，听着听着，就泪流满面。五月天从无名高地到鸟巢的十年，一路铺满汗水泪水。

这十年，他们不容易，可谁的岁月容易过呢？我也是花了三年多的时间，才来到了鸟巢。

我记得那天阿信唱了首《忽然好想你》，歌迷们拿出手机，打开闪光灯，漫天的星星从天而降，把鸟巢点得好亮。

阿信说："如果你想那个人，就给他打电话吧。"一时间，周围的单身狗们一个个都拿出了手机，哭喊着什么"我爱你""我对不起你""我后悔放开了你的手"……听得我毛骨悚然。

我拨通了小西的电话，他不知道在做什么，我打开免提，让旋律从电话里钻进世界的那一头。我一句话也没有，就举着电话，小西很显然明白我的意思，也没有多说话，安静地听着。

我的眼泪一下子奔了出来，我捂着嘴巴直到这首歌结束，挂了电话，我想他也会很感动，更会受到鼓舞。

一旁的情侣拥抱着，同情地看着我，女孩子拍拍男生，指了指我,男生微笑地点了点头,像是明白了什么,递过来一张纸,给了我一个坚定而同情的眼神,好像在说,失恋了没关系,加油啊。

我接过纸,挤出一丝微笑,心想,神经病。

演唱会现场人多,手机后来没了信号,我在结束的时候,给小西发了条信息:"鸟巢欠你一场演唱会,看你什么时候能拿回来。"

他回我的话很简单:"龙哥,很快很快!等我毕业了,就都好了。"

3.

很快他毕业了,但并没有都好。

毕业第二天,他就要背着包,远赴一个偏远的山区,那里天寒地冻,人烟稀少。

他跟领导请了一天假,说:"我能不能晚一天去,我在北京有个好兄弟,我想跟他喝顿酒。"

那天晚上,我们坐在一个路边的大排档,谁也没说太多话,就是一杯接着一杯,一瓶接着一瓶,喝完了谁也没哭,只是把手机里五月天的歌音量调到最大,听着《倔强》和《知足》,我说:"明年他们要来开演唱会,你来不来?"

他说:"龙哥,我豁出去了也要来啊!"

说完,手机里又响起了那些旋律:"我和我最后的倔强,握紧双手绝对不放,下一站是不是天堂……"

年轻时听《倔强》,年老时爱《知足》,虽然充满挫折,但好在,我们因为年轻,所以无畏艰险。

那天我们是凌晨四点多结束的,天微微亮,我跟小西说:"你要不回去睡会儿?"

他说:"不了,早上六点的火车,我在火车上睡。"

说完,他背着一个小包 —— 他全部的行李,说:"我会回来的,到时候我们一起听演唱会。"

我望着他一米九几的个儿,消瘦的身材,一转头,鼻子发酸,逼回眼泪,我说:"你赶紧滚蛋吧,过些日子我去看你。"

4.

日子这玩意儿总是不禁过,过着过着,就容易看到绝望。平凡的背后,往往是无奈。

有时候没消息反而是好消息。

分开的这段日子我们也经常联系,几个月后,五月天又要来鸟巢了，而我已经有足够的收入可以把票从看台买到内场了。小西这些日子很活跃，动不动就给我打电话，动不动就发六十秒的语音。他说他已经摸清楚那边的套路了，那边人平时没事干，就整天搞人际关系，一天到晚就是人和人的事情。他还说他准备请两天病假直接来北京，看完演唱会回去。我听得云里雾里，说："好，那我买两张演唱会的票，等你。"

一天上课的时候，我忽然接到了小西妈妈给我发的信息，她问我有没有空，通个电话。

接通电话的刹那，我有些头皮发麻，他妈妈告诉我，小西疯了。

5.

我连夜赶到了长春市精神病院，小西被护士捆在床上，还在疯狂地摇摆着床架。他个子高、力气大，医院的门被踢坏了一个，床被拆掉了俩，连窗户也被他一拳打裂了。护士没办法，才给他打了昏迷针。他醒了之后，继续发着脾气，却没有那么大力气了。

我知道他已经失去了部分的记忆，医生说他现在很狂躁，脑子里产生大量的臆想。他说自己是太乙真人，会法术，看到什么都说跟自己有关。

他的妈妈在一旁哭泣，我陪着他妈妈跟医生交流。

他妈妈一边哭一边抱怨着，说不知道怎么了，忽然就成了这样。医生让他妈妈冷静，说再这样下去，恐怕要诞生两个精神病了。

我陪她妈妈吃了个简餐，问了问相关情况，显然，阿姨并不知道发生了什么，就连他身边的战友都不知道发生了什么。

也是，谁会管一个一米九的小伙儿的精神世界呢，谁会听到一个年轻人梦想破裂的声音呢。

我终于在第三天见到了他，他的精神状态好了一些，一开始医生不让我们跟他见面，我说："我是他最好的朋友。"医生冷冷地说："犯起病来连他妈都不认识，还能认识你？"

我笑了笑，说："也是啊，你毕竟也不知道什么叫最好的朋友。"

医生很生气，喊了出来："你什么意思？"

我被小西妈妈拖走，她不让我说话，好吧，谁的生活都不容易。

他拖着沉重的身体，眯着眼睛从病房里出来，一旁的其他病人在玩命地喊叫。他走到我身边，拍了我一下，说："龙哥，来了啊！"

我点点头，接着他说了许多我听不懂的话，他告诉我他是太乙真人。我说："什么太乙真人，你就是小西，我兄弟。"他说："龙哥，你不懂我，我现在会法术，我能飞……"

我听了他十多分钟的絮叨，我知道他变了，梦想把他抬起，现实又把他摔在地上，摔得粉身碎骨，他最终还是崩溃了。

临走前，我拍了拍他的肩膀，同行的耗子从口袋里拿出了一本《圣经》，他不知道说什么，只是告诉小西上帝会保佑他的。

我什么也没说，忍着眼泪，转身走了。

忽然，他叫住我："龙哥，我一定会陪你看演唱会的。"又说："我会跟你一起去鸟巢的，我记得。"接着继续说着一些乱七八糟的话。

这次我没有回头，因为，此时此刻，我泪如雨下。

6.

回到北京，我写了一个关于小西的故事，因为担心他的仕途，所以不敢用真名。我把这个故事收录在《你要么出众，要么出局》里，后来这本书火了，很多人给我来信，问我小西还好吗。

直到近几年,还有很多人问我,小西还好吗?

我说,还好,放心。

其实真实的答案是,我们快两年没有联系了。

自那之后,我和他身边的朋友联系过,知道他康复了,过得很好,既然这样,我也就放心了。毕竟,每个人都有自己的命运,都有自己的生活。

这一晃,我们这一代人也都快到三十了,许多人也都迈入了上有老下有小的年纪,谁还有时间和精力顾及朋友和兄弟呢。那位医生说的话,竟潜移默化地影响我了。

于是,日子就这么过着,我们一直朝着前方,谁也没有回过头。大家看着远方,并列地走着,我不知道他是不是已经结婚了,更不知道他过得如何,我没有管那么多,我只是走在路上,过着喝着酒,哼着歌,洗着衣服,上着班的日子。

直到有一天,我忽然接到了小西的电话:

"龙哥,我在北京,我考上研究生了。"

"啥?"

"找一会儿就去找你。"

7.

那是一个深夜,我和几个好朋友已经喝得有些醉了。

北京的月亮很圆,几瓶夺命大乌苏透过了我们的血液,柔软了我们的灵魂,于是我们的话语开始坚硬了起来。我抬头看着那皎洁的月光,放松了警惕。那天不知道什么原因,大家的声音都很大,我先和 Allen 吵了一架,子南又和小宋在抱怨着什么,生活好像没了希望。

接到这个电话时,我以为自己是在做梦,我挂掉电话,安静了几秒,跟大家说:"小西回来了。"

所有人都安静了,大家讨论着这哥们儿是不是病又犯了,云云。

可小西出现在我们面前时,大家震惊了,震惊的原因有两个:第一是震惊他到来的速度,第二是震惊他竟然胖成了这样。

他终于把精神养好了,他说,每当烦躁的时候,他就开始吃东西,吃着吃着,体重就到了将近三百斤。那些天《哪吒之魔童降世》刚好上映,我笑着跟小西说:"之前以为你疯了,看了《哪吒之魔童降世》才知道,你这体形的确是太乙真人,就差骑个猪了。"

他也笑了。

8.

他一直很聪明，在胖了几年后，忽然意识到自己不能再这样下去了，看着曾经一个个充满斗志的朋友忽然间都安稳了下来，他厚积薄发，开始利用病假在宿舍疯狂学习。

他捡起了放下许久的英语，买了专业课和政治课的教材，经过一年的努力，竟然过了线，最终来了北京，读了研究生。

他说，直到见到我们，才意识到，自己终于回家了。

几天后，五月天又来鸟巢了。这一次，他们连续开了三场演唱会。

我不知道从什么时候开始，耳机里的歌曲逐渐没有了五月天，可能是年纪到了，不愿意再让自己热泪盈眶，更不愿让自己动不动就热血沸腾。如果可以，希望自己的血压和荷尔蒙都能够维持在一个正常体面的状态下，好好生活，慢点儿生活，比什么都重要。

但这一回，我还是没忍住。

我从双井骑车到鸟巢，12公里的路，不到一个小时就骑到了。这该死的空气，让我鼻炎又犯了，我眼睛通红，吸溜着鼻子，挤进了鸟巢，我坐在位置上，等待着小西的到来。

音乐声响起，显然，他要迟到了，可是，并不是，我一转头,他已经坐在我身边了。

我和他一直在旋律里摇摆着,没有太多的动情,听着旋律一直飘到鸟巢外,飘到天黑,飘到过去……"突然好想你,你会在哪里……"

我站了起来,摇摆着手,我转身看到小西,他抬头看了我一眼,凑到我耳边说:"龙哥,不走了,再也不走了。"

我蹲在地上,用手捂住眼睛,不停地抽泣着。

我说:"没事,没事,真的没事,我的鼻炎又犯了。"

9.

我承认我在演唱会的现场泪奔了,这是我这两年第一次哭成这个傻样。年纪越大,越怕眼泪流下时被人说成矫情,越怕拿出真心被人说你这是为了利益,越怕在不认识的人面前变得脆弱难过,所以开始不停地微笑。因为怕冷场,所以段子越来越多,离心越来越远。

这次,去他的,我才不管呢。

谁说到了三十,就不能流泪了;谁说到了中年,就不能有些梦想;谁说到了什么年纪,就不能飞驰人生呢。

我想起一句特别火的鸡汤:梦想还是要有的,万一实现了呢?

是啊,万一实现了呢?

10.

网上有一段话:有些人花了七年,来到了星巴克;有些人,出生时楼下就有星巴克。

我们都花了不同的时间,走进了星巴克,同理,我们都花了一些时间获得了自由,都花了一些时间获得了成长,只是有些人有优势,能少走一些路,有些人却需要走很久,才能到达心中的地方。

但我说过,人有两次出生,一次是从母体出生,还有一次,是你开始意识到自己是谁的时候。

既然掌控不了第一次出生,至少可以试着去掌控自己的第二次出生。

这些年,正能量的意义一直在被质疑,甚至有人说,这世界只有能量,没有正负。

真的吗?我不同意。

那是因为他们从来不知道,这世界上有许多人,曾在黑暗不堪的世界里逆风前行。但正是因为那些歌曲、那些话语以及那些正面的力量,让我们忽然明白,再坚持走走,就能看到曙光。

小西和我都三十岁了,我在小西身上,感受到了那来自远方的旋律,看到了独一无二的光。

那是只有在路上的人,才听得懂的旋律,才能懂得的明亮。

这旋律和这亮光,还会伴随我们更远,直到世界的尽头。

PART.4

生活不是无休止的迁就

让自己变强,

懂你的人,才会越来越多。

停下，
是为了更好地出发

作家很容易无话可说，所以经常会很多天没有动静，谁也找不到。我很喜欢淡出公众视野的这段时间，沉默的日子，最适合思考。

我有一个公众号，如今已经关掉了打赏功能，也放弃了日更。我经常十几天才憋出一篇文章，任凭读者如何催更，我也没有办法更快。其实我没忘记自己还有个公众号，也从没有停止写作，只不过我时常不知道该说点儿什么。很多人劝我赶热点，说热点更能博眼球。写作这些年，我不是不知道赶热点能获得流量，我只是更清楚，所谓热点，热过了就会烟消云散，在土里生根的，往往才能长得更高。而土里的，往往是沉默的。

纪伯伦说："虽然言语的波浪永远在我们上面喧哗，而我们的深处却永远是沉默的。"

这些年写作已经成了我生活的一部分，之所以喜欢写作，是因为很多话我说不出口，只有通过文字才能更好地表达。在古时候，一个人给另一个人写信，往往会惜字如金，因为那时，每一片竹简都来之不易，每一段话都必须深思熟虑，所以才有了家书抵万金。而现在，随便写点儿什么，都不用那么负责，于是在网上可以肆意发些错别字满天的话。我不愿意长期更新，只是觉得许多文字写完就发表还不是那么成熟，于是我时常让它们再等等，隔三岔五地再看看这些文字，希望能让这些文字先生根后发芽，等长出果实了再和大家共同分享。

我时常会选择一段时间去闭关，离开吵闹的城市，去一个没人认识的地方，租一座房子，早起喝一杯咖啡，到了下午，去楼下跑两圈。剩下的时间，除了读书，就是写作。圈里很多人说我很勤奋，其实我不是，我只是比很多人更容易无聊。因为无聊，所以我就想说话，可不知道跟谁说，于是打开电脑，开始了自言自语的生活。

闭关前，我往往会和家人通个电话，告诉他们，我可能要消失一段时间。他们很理解，于是放我走进自己的世界，我开始一步一个脚印，走进这世界中。这些年，很多同学告诉过我自己想成为作家。每次我都会忍不住问一句："那么，你做好耐住寂寞的准备了吗？"如果耐不住寂寞，终究还是享受不了繁华。其实，很多耐住寂寞的人，也很难享受得了世俗的繁华，因为在许多作家的心里，已经有了自己的繁华。这些繁华，多半起源于沉默。

我时常喜欢喝两杯酒，有时独自一人也会开上一瓶，放一块圆圆的冰，等冰化了，一个夜晚也就过去了。有时候，一个人实在憋不住了，就找朋友喝两杯。我很喜欢德国作家席勒的一段话，他说："酒不会发明任何东西，只会使人讲出秘密。"许多秘密，压在心里久了，就容易忘记，讲给不对的人听，又容易造成伤害。只有跟挚友在一起，才能找到秘密该有的去处。

前些日子，我在三亚见到了许久未见的一位作家朋友。他是我的前辈，知道我来了，立刻给我打了通电话。那天我刚完成一天的写作任务，他邀请我在楼下的大排档喝酒。我已经有很久没见过他了，在一次热搜事件后，他慢慢淡出了人群。

但那天和他交流后，我很有感触。

于是那天我们说了好多话，喝了好多酒。他说他已经有新的作品要跟公众见面了，那天他说的话，让我受益匪浅。

第二天，我把他告诉我的话总结了一下，大概是这么几条：

一、越是寒冬的时候，越适合闭嘴，去读书学习，去厚积薄发。

每年都有人说，今年是经济寒冬。那是因为经济过热的时候没人说话，大家都闷着头赚钱。但经济寒冬的时候，所有人都在说话，可就算是经济寒冬，也一定会过去，所以，当收获的季节到来时，果实一定最先掉入长得高的人手中。他举起手，就能吃上甜蜜的果实。

二、弄不清事实的时候，先别说话就是最好的尊重。

喜欢乱说话，这是闲人的习惯。我之所以这么久没说话，不是因为我无话可说。很多热点问题，我没发表意见，是因为在弄不清事实的时候我总会想起那句话："三年学说话，一生学闭嘴。"人不能因为看见几篇报道，就以为自己知道了真相，不能因为别人说什么，自己就跟着起哄。有些人看似是在表达善良，实则是消化不良。自己生活得一塌糊涂的人，就很容易把话说得稀里糊涂。

自己的脑子里，别总跑着别人的马车。闭嘴有时也是一种尊重，这种尊重，到头来，都是对自己的尊重。

三、沉默还有个好处，是对自己的保护。

许多人都有三套面具：说一套，做一套，想一套。他们说赚钱不重要，自己却倒卖着房地产；他们说学习不重要，却偷偷把孩子送进补习班。所以，要观察的是别人怎么做，而不是去听别人怎么说。我遇到的所有高手，几乎从来都不会被别人的言语左右。别人说什么听听就行，就像我现在说什么，你最好也就只是听听。暗中观察别人怎么做，从而推测出别人怎么想，这才是最重要的。

人和人最大的区别，就在于思考的方式不同，有些人看到的永远是寒冬，另一些人看到的全是机会。

高手平时都没什么话，更不会成天沉迷网络，在网上表达观点也都是战略性的，为的是达到自己的目的。总的来说，年轻的时候，话越少，越容易成为高手。话多的，往往"活"不过三集。从这个角度看，我就不算什么高手，要改。

但不是高手也没关系，别把自己活成二手就好。

四、人每个时间段都会有迷茫。

十多岁的时候，我们会在选择大学时迷茫；二十出头时，我们会在选择伴侣和工作时迷茫。我一直以为自己快三十了，不应该有迷茫的感觉了，毕竟三十而立，但其实是孔子对自己三十岁的评价，我们普通人，怎么立得起来？无论哪个年纪，或许都会在深夜和清晨对自己何去何从感到迷茫。但好在我逐渐明白，读书是打败迷茫最好的方式，感谢那些书，陪我度过的每段孤独而迷茫的时光。

现在孩子睡了后，我的世界也安静了不少，只有读书能让我意识到自己是存在的。沉默的这些天，我也明白，大多数的迷茫，无非是因为人在孤独中迷失了自己，没有高手指路，没有朋友诉说，没有自我解脱。但其实，书里有很多高手，他们活在每个不同的时空，活在不同的时间，你只需在你迷茫的时候向他们招手就好，他们一直在。

五、比读书更有效的成长方式，是去见牛人。

别看我很久没说话了，但只要谁来到三亚，我都会见他一面，我没离开我所在的圈子。比见牛人更有效的成长方式，是跟牛人喝杯酒或者喝杯咖啡。还有，比这个更有效的，是跟牛人成为朋友。当然，比这一切都牛的，是牛人想见你。这就可以解释，为什么很多人没有读很多书，却依旧很博学，很多人虽然其貌不扬，但总能持续产出伟人。因为，圈子很重要，可以说非常重要，你就是你周围朋友的总和。很难想象一个人的朋友圈都是上进的创业者，自己能颓废到国庆七天假睡五天，也很难想象一个人整天为三姑六婆的鸡毛蒜皮烦恼，自己能把一家公司做上市。去交能给自己提供能量的朋友，去交能让自己更好的朋友，不要跟那些喜欢算计、抱怨、打击别人的人走太近，如果你身边没有能给你能量的人，至少做到尝试给别人能量，让别人变得更好，因为这也是在变相地救赎自己。

六、要让自己的善良有锋芒。

你的善良如果没有锋芒，就等于零。无论这个时代多么令你不爽，都别忘了做一个善良的人。比如看见老人摔倒了去扶一下，但别忘了拍下全过程；比如主动请朋友吃顿饭，如果连续请了十顿对方还没回请抓紧断交；比如微笑对人，如果有人冲你吐口水记得你还有拳头。这世界不缺坏人，更不缺滥好人，善良的定义是：把自己初始调整成好人，遇到坏人就把自己调整成战斗模式，然后，每遇到一个人，都重新调整一次。这听起来很累，但谁的生活是容易的呢？

希望这些话，也对你有用。

让自己变强，
懂你的人才会越来越多

1.

这些天，我陪爸妈去欧洲度假。欧洲的生活节奏很慢，慢到银行下午三点就关门了，爸妈起床的时间也晚了好多。安静时，我时常会想起自己最形单影只时是在教室里。

那是段看起来完全没有未来的日子，好在，我没有忘记逼迫着自己相信未来。

我曾把这些故事写进书里，也曾讲给身边人听，讲来讲去，也就不讲了，其实也没什么人愿意听那些失落。这些年，我有了很大的变化，当遇到一些陌生人，如果恰好，我说恰好，聊到那段岁月，我就喝上一杯酒，当段子讲，如果讲得快令我掉泪，我会简单说上一句："好在都过去了。"

这次在欧洲，和几个小伙伴聊到文化差异，他们问了我好多问题，他们特别不能理解的是为什么北京这座城市有那么多人住在地下室，我又脱口而出："这有什么好奇怪的，我还住过八平方米的浴室改造的单间。"

他们问为什么，我刚准备长篇大论，又习惯性地收了回来，开玩笑说："我想感受一下浴室改造的房间，看晚上会不会突然漏水。"

却没想到，父亲接过话说："你那段日子真的不容易。"父亲从来不喝酒，那天忽然决定点上一杯龙舌兰。

父亲的这句话之后，我终于第一次完整地讲完了我那时的故事。

希腊的朋友很感慨，但很快又切换到了下一个话题，嘻嘻哈哈度过了一个夜晚。

再次想起那段时光，恍如隔世，也历历在目。父亲也没多说话，跟我击了个掌，回到房间，睡了。睡前，他跟我说："你是爸爸的骄傲。"

我的眼泪瞬间就落下了。他睡后，我走出酒店，坐在马路边，看着来往的车辆，许多曾经遗忘的故事，忽然浮现在眼前。

那些自己最难忘的故事，好久都没有对人讲过了。

2.

前段时间，我很喜欢读石黑一雄的小说，并不是因为他写的故事好看，而是他一直在质疑一件事：记忆是否靠谱。许多人的苦痛记忆，总出于生存的原因，被削减或被遗忘了。美好的记忆也在荷尔蒙的刺激下，变得支离破碎。但相比起来，好的记忆，还是更容易被人接受，虽然我们都知道，一旦叙述，就会有加工的色彩。

所以这些年我一直劝告身边的朋友：请相信，没有人喜欢听你悲惨的故事，也很少会有人真正感同身受。

就算听完了那些悲惨的故事为你感叹一会儿，接下来，人们也都会进入自己的生活，过着自己的日子。许多关于自己惨痛的、悲凉的，那些你认为有血有肉、有伤有痛的故事，在一遍又一遍陈述后，总会让你变成祥林嫂，最后让故事一文不值。

懂你的人，自然明白你说的故事，自然会感同身受，你不需要多说；不懂你的，你所有的痛苦，都会成为他饭桌上的谈资和段子，何必呢？

不要觉得人性太恶，其实很多时候，只不过因为别人不知道应该如何面对这么厚重的故事，不知道应该用哪句话接在这厚重故事的后面。

这些年，一些读者读了我的书后，都会在后台跟我长篇大论，讲述自己的故事。

有关于家庭破碎的，有关于离婚分财产的，有关于疾病死亡的，有关于生活绝望的……

一开始我经常回复，后来我逐渐不回复了，不是因为我高高在上，相反，我是因为太能感同身受，不知道应该用什么词回复那些悲不自胜的叙述。

我越来越愿意回复那些获得些成就的读者的评论，那些考上研究生的，那些找到好工作的，那些走入婚姻殿堂的，那些被知名大学录取的……因为我知道，一句恭喜，就可以分享他的喜悦，一句谢谢，就能亲如家人。

3.

所以，那些不如意的事，除非遇到真正懂自己的人，要不，就别再说了。说多了反而失去了故事的本色，失去了生命的温度。

我们都很难把握讲述与抱怨的边界，就好比我们谁也不知道，把自己沉重的经历分享给别人，别人是会感同身受还是会一笑而过。

但慢慢地，我们都会明白，后者一定偏多。

于是我们也会慢慢懂得，成长意味着孤独，意味着承认世界上越来越少的人懂得自己，我们更需要学会把那些故事埋在心里，浇灌滋养，直到有一天，让这些东西生根发芽。

有一天我们会明白，百分之九十九的人都不懂自己。

我曾在最痛苦的时候，给许多人写过信，我很幸运，竟然有一位老师回复了我，至今我都很感谢，现在我把他写过的一段话分享给你：

> 成长，就意味着越来越少的人懂得自己。但同时也意味着，你开始越来越懂得自己，越来越明白如何和自己相处。
>
> 有些话不用一直说，有些故事不用一直讲，因为有些人一直懂，有些人一直在。
>
> 不懂的人，说得越多，越容易露怯；懂的人，不用说，他都明白。

另外，这位老师还曾分享过一个理论，如果不介意，我也一并分享给你：

> 让自己变强，懂你的人，才会越来越多。

4.

人越长大,越能发现除了家人,没有人应该懂你。有一天你也会明白,没有那种一句话就能懂你的人。之所以我们会期待"懂我的,有一个人就够了",是因为找到那个人太难。如果你有,恭喜你;如果没有,也要自己爱自己。

生命有其脆弱，
不必故作坚强

1.

这是我在这一年听过的最好的消息，饭饭告诉我，她升职了。

一桌人为她高兴，因为这意味着她可以赚到更多的钱，意味着她可以选择更自由的生活。我们一群人在我家里聚餐，听到消息，我把家里的红酒打开，又走进厨房，准备再加个菜，她制止我，说吃不完会浪费。

我横了她一眼，说："谁说吃不完？你对我的战斗力一无所知。"

说完我起身走进厨房，把一袋牛肉下进了锅。

炖牛肉的香味从厨房飘进客厅，他们叫着："好香啊！"

饭饭声音最大,她几乎是扯着嗓子喊:"限你五分钟之内端上来!"

我想起上次她这么喊,还是在几年前。我认识她很久了,我们经常会彼此发个信息,互相聊聊生活和工作。曾经有一段时间,我发现她的朋友圈很怪,要么是转发一些丧的事情,要么是指桑骂槐抱怨着一些人。于是某一天下班后,我打车去她租的房子里看她。我费了九牛二虎之力找到了她住的小区,敲开了她的门。那是一套三居室,被隔出了许多房间,厨房和厕所都是大家共用的,好在她自己的那一间朝南,偶尔能看到阳光。她看见我有些惊讶,喊了句:"你怎么来了?"我提了一袋子东西,说:"我来给你送补给,怕你阵亡在家里。"

她说:"我已经在吃饭了,不会死的。"

我看了眼她的桌子,上面满满当当的都是垃圾食品。

我问她:"为什么不好好吃饭?"

她叹了口气,说:"生存都难了,有一口是一口。"

我走进她的房间,把它的垃圾食品装进袋了,说:"给我点儿时间,我让你看看什么叫吃饭的仪式感。"

于是我走进了共用的厨房,把她的锅洗得干干净净,把一袋牛肉放进了锅,用水漫过牛肉,等肉的颜色稍微变化,我开始放所有能放的作料。香气在合租房里弥漫着,引得合租的小伙伴都打开了门。我看见饭饭跑来厨房,她看着一锅的牛肉,几乎是扯着嗓子对我喊:"限你五分钟之内端上来!"

那天,我跟她开了一箱啤酒,几乎全喝完了,一边喝一边聊天。说了很多工作上的不易,也说了那些追她却不靠谱的男人,但说着说着,就哭了。

我没敢多问为什么,这些年在北京生活,我学会的最重要的沟通方式,就是别人不主动说的事情,自己千万别问,尤其是别人在哭的时候,你听着就好。因为一旦自己问了,无非就是两种可能:一种是对方滔滔不绝,而你却无能为力;另一种是对方闭口不言,你自找没趣。

但其实,大多数的滔滔不绝都大同小异:要么是被领导欺负了,要么是工作不开心,要么是感情失落,要么是孤独寂寞。

城市那么大,伤心的原因,就这么些。

走之前,我拍了拍她的头,说了一句话:"一个人也要好好吃饭。"

说完,我就下了楼。

我想起莫泊桑说过,生活不可能像你想象的那么好,但也不会像你想象的那么糟。我觉得人的脆弱和坚强都超乎自己的想象,有时我脆弱得一句话就泪流满面,有时我又能坚强地自己咬着牙走了很长的路。

现在看来,这话是写给所有人的。

2.

"一个人也要好好吃饭。"这句话不是一句鸡汤,这是我刚到北京的时候,父亲经常给我发的信息。人在孤独的时候,好好吃饭格外重要。其实如果是两个人,往往不用担心吃饭的问题,你不吃,当对方想吃时,就能带着你一起吃,两个人吃肯定比一个人吃得香。可惜的是,大多数人在这座城市里都只是一个人,所以,这句话就变得有意义多了。

上一次饭饭不是单身时,还在读大学。

她在东北的一个小城市长大,本想一辈子就在那里,陪着父母,结婚生子,于是也没有什么远大的梦想,只要开心地长大就好。

后来她决定来北京闯闯。

她跟我说,上大学的前两周,她和军校时的教官走得很近。教官很喜欢她,总是在军训的时候格外照顾她,她也不拒绝,就这样暧昧了两周,直到教官回到部队,被没收了手机,两人从此几乎失去了联系。她觉得也无妨,毕竟每个人都有自己的路。没有交集,就很难交往,反正自己的路还很宽,该再见的,也不必强求。

谁承想这个教官很努力，一年后从一期士官转成了二期，他为了见饭饭，特意选择了离她学校近的部队，车程只要一个多小时。就这样，他们又能断断续续地在一起了。所谓断断续续，是因为部队有规定，不让随意外出，所以他们几乎一个月见一次，每次相见，背后都像有人在为他们倒计时。

他们经常在部队门口草草地吃上一顿，或是在部队食堂匆匆地吃上几口。教官告诉饭饭，自己准备考军校，等自己考上了军校，来养她，给她做饭吃，那个时候，饭饭能吃上满汉全席。

现实残忍时，人们总喜欢寄托于未来。

但饭饭还是长大了，她并不是不相信教官说的话，而是因为她开始有了距离感，渐渐觉得不认识这个人了。她不敢去部队看他，因为每次看到他，总感觉他很无奈。

而饭饭自己的大学生活却多姿多彩，一切才刚刚开始，为什么要等别人养？为什么不能自己赚钱去吃满汉全席？

就在这时，她遇到了另一个人。

3.

这个男生很不一样，对她进行了疯狂的追求，他的炽热与那个教官的沉稳相比,一下子占了上风。

男生很会制造浪漫,要么忽然送一束花,要么忽然开着自己的车出现在她宿舍楼下。这些长大后看起来没什么意义的伎俩,在那个时候,却是男孩子的必杀技。

于是不知道从什么时候开始,她和教官疏远了,和男孩子走得越来越近。她跟男孩子在外租了间房,过上了小日子。但好景不长,矛盾很快就被激发,她意识到,这个男孩子显然缺乏责任感和成熟度,不懂女孩子的心,不愿照顾别人,最重要的是,他太在乎自己,有时甚至可以完全不在乎她的感受。

这种情况在吃饭时尤为明显:高兴的时候,他只点自己的饭;不高兴的时候,他问饭饭什么时候能有吃的。只有他特别高兴的时候,才会开着车带着饭饭去餐厅点几个菜。

毕业前,饭饭提出分手,那男生大吵大闹,还要跳楼自杀。可是,他越这么闹,饭饭越明白,自己的决定是对的。

后来,她做出了青春里最正确的决定——去北京。

她临走前,接到了教官的电话,教官没有考上军校,但很认真地在电话里对她说:"我等你一年,如果一年后,你还是决定不跟我在一起,那么,我就结婚了。"

饭饭挂掉电话,来到了北京。

没到半年,她在朋友圈里看到了教官的婚礼。新娘很普通,普通到她竟有些不相信。

那天，她下班后一个人跑到餐厅，点了五个大菜，吃前拍了张照发了个朋友圈，文案是：一个人的满汉全席。

4.

在北京的日子很孤独，但很充实。能遇到各种不一样的人和事，工作苦，但没有工作更苦，所以一忙起来，工作就是她生活的全部，她没抱怨过工作的苦和累。

她十点前几乎没回过家，要么是在加班，要么是在加班的路上。

我认识她很久了，组局时常叫上她，但她永远是到得最晚的那一个，因为她一直在加班。

立冬常跟我说，饭饭身上有一种很强的悲剧色彩。

我问为什么。他说，她要么不吃饭，要么吃好多。

我忽然明白，这就是许多北漂的现状，一心为工作，完全不懂得照顾自己。其实一个人生活最忌讳的就是不好好吃饭，这是走向不健康的第一步：状态好的时候，吃素绝食；状态不好的时候，胡吃海塞。却不知，好好吃饭的标准只有一个，就是规律些。

她说她这辈子可能都不会结婚了,我问她为什么,她说她习惯了一个人,一个人的感觉太爽了。

是的,孤独是会令人上瘾的。

我对她说,一个人也挺好,但要记得,一个人也要好好吃饭,也要吃出仪式感。

她问我为什么。

我说,我不知道,但我知道我们生而为人很难,尤其是一个女孩子更难,所以,不要苦了自己。哪怕是做给别人看,也要吃好每顿饭,因为你要告诉他们,一个人,我也能过得很好。

我读过很多关于孤独的名言,其中有一句,是我感同身受的:孤独是已经死去的一切仍存在于我们心中的一座活坟墓。

5.

我终于炖好了那锅肉,装进盘子端了出来,汤汁浇在肉上,显得格外美味。他们把肉塞进嘴里,纷纷说我炖得真好吃。

饭饭问我:"你自己在家也这样做饭吗?"

我说:"只要有空,早上起来的第一件事就会想,吃点儿什么。"

她说:"你真奢侈。"

我说："我不是奢侈，我只是不想一个人活得那么糙。"

我曾经读过一本书，叫《我的孤单，我的自我：单身女性的时代》，作者是美国著名作家丽贝卡·特雷斯特。书里说无论是男人还是女人，在接下来这个时代里，单身都可能会是重要趋势。越来越多的人选择单身，是因为时代变了。

但无论人们选择怎样生活，幸福感一定是不变的主题。而幸福感最基础的一点体现，就是一个人也要好好吃饭。

那天我跟她聊了很多，我想她应该是记住了，她很安静地问我，要不要养一只猫。

我说，为什么不呢？

她说，朋友们都建议她买一只猫，但她觉得自己一个人也可以精神富足，好像用不着。

可不是，谁又能规定谁应该怎么活。

几天后，她给我发了张照片，照片上，是满满的一桌菜。

我问她，今天是跟朋友聚会吗？

她说，没有，就自己，又说，一个人也要好好吃饭呢。

当你又忙又累,
\ 必须人间清醒

时间从来不是朋友

1.

在写新书时,我写着写着,就好像又穿越到了第一次写作的时候。二十二岁左右,我决定把日记本上的一些文字放在网上。那还是个博客时代,人人网风靡一时。我拿着一本十万多字的稿子到处找出版社,希望他们能出版我的作品。那本书被起了无数个名字,至今我都已经忘记了,直到最后,有一家出版社愿意出版我的书,最后定名为《你只是看起来很努力》。出版那年,我二十五岁。从此,我走上了写作的道路。

去年在给一位新锐作家站台时,他在台上哭成了泪人。台下好多读者和粉丝,我拍了拍他的肩膀,跟他说,我第一次出书时,见到读者后也哭成了傻×。当时我觉得这可能是我人生中的最后一本书,但后来我就再也不会这么认为了,因为我知道,我还会有下一本书。台下的读者鼓掌,我也把他搂在了怀里。可回到酒店,我打开电脑,喝了杯酒,瞬间,就泪流满面了。因为我心里一直在想:真的吗?我真的能一直写下去吗?

想到这儿,我又难受了许久。

有段时间我经常在小区跑步,楼前有一个小撑场,我会在下午的时候跑上一个小时。每次陪跑的,总有两个大姐,她们胖胖的,并肩跑着,要么在我前面,要么在我后面。我从来没跟她们讲过话,但如果在其他地方见到,也会互相微笑一下,直到有一天,两位大姐忽然不见了。又过了一段时间,就只有一位大姐在楼下跑步了。打听后我才知道,另一位大姐前些日子已经离开了人世。

这就是时间,它最终一定会把我们带走,让我们分离。

我妈妈前些日子发神经,跑去什么寺,求神佛保佑我早日稳定下来,最好生个孩子。

我说:"妈,我已经大了,知道自己在做什么。"

我妈说:"我知道你有自己的生活,但你再大也永远是我的孩子。"

那一瞬间我忽然感动了。因为我想起小时候,我还没桌子高的日子,那时我真的还是个孩子,喜欢趴在妈妈的腿上,听妈妈讲故事。可就在一瞬间,时间又把我变成了一个大人。

越长大,越能感受到许多事情的无奈。成年人一年过得越悲壮,到了年底越不想回家过年,因为不知道用哪张脸去面对亲友那残忍的温柔,不知该如何讲自己的工作、家庭和未来。

我知道时间在告诉我们一些什么,就像那些曾经掉过的眼泪,总是在提醒你什么在发生,什么在告别,什么又在永别。

从上个月起,我一坐在电脑旁,就感觉尾椎和后背隐隐作痛,于是我去看了医生。医生说我坐的时间久了,不能再久坐不动了。我说,我没事也会跑步,每次都跑四十分钟呢。医生点了点头,说,那明白了,我跑步跑得也太狠,需要减少运动量,也减少久坐的时间。

就这样,我的生活计划被打乱,每到下午都不能再跑步了,早上也不能坐下来了。

可是,我还有作品没写完,该怎么办?

于是,我买了张可以让我站着工作的桌子,想着是否可以方便写作,却发现站着也坚持不了多久,站着比坐着还累。

这也是这些年我第一次对自己的身体开始担心,对自己的耐力开始怀疑:万一有一天我写不动了该怎么办,还有那么多想要表达的没有表达。

有人说,一个作家的牵挂越多,他的作品就越多。我也是最近才明白，当你牵挂的人太多，你的笔就越不可能停下来。但不能否认，就算是我，也总有一天会写不动，就如身体早晚会有一天扛不住，就如那些曾爱过的人总有一天会离开那样。

那一刻，你会怎么表达？

2.

过年的时候，很多人都在转发着罗振宇的"时间的朋友"，仿佛通过这样的转发，时间就会对我们友好一样。可是，亲爱的朋友，我们仔细想想，时间什么时候是我们的朋友了？时间一直是我们的敌人。

正是时间让我们分别、死亡、失去，这样的时间，怎么会是朋友呢？

我们必须明白时间是敌人，知道它什么时候无情，它什么时候残忍，它什么时候会对自己下手，才能努力去改变自己，和时间赛跑，与时间和谐共处。时间并不是我们的朋友，从衰老和死亡的角度说，时间从来都是最难打的敌人，它没有友善过，每个人都会在死亡的那一刻跟时间低头认错，说：对不起，我赛不过你。

就好比我一直在写，却也留不住时间。

当你又忙又累，
\ 必须人间清醒

人们从文字里看到我写的那些故事，那些简单到平凡的表达，不过是我过去的青春，对如今的我来说，早已经不见了。想到这儿，我反而释然了，开始活在当下了。我们谁也留不住时间，文字只能留住一些片段，却留不住永恒。

我曾经说过，你一直以为根深蒂固的东西，到头来全都会烟消云散。

就好像那些信誓旦旦地说过要陪伴你一生的人，转眼间就形同陌路，就好像你所谓的地久天长，在时间面前根本不堪一击。

蒋捷有句词："流光容易把人抛，红了樱桃，绿了芭蕉。"

谢谢时光，一年又一年。

3.

前些日子，妈妈在家族的群里发了我和姐姐小时候的照片，我把这张照片发到了朋友圈。些朋友在说，姐姐比我好看。也有另一些人问：这是你吗？不像啊。

是啊，这是二十年前的我，二十年过去了，能像吗？

每一天，人都可能不一样。

可是，再过二十年呢？五十岁的我看着现在的我，会说什么？这是谁啊，不像啊。

无论如何，我们都会到五十岁，那一年，除了"不像啊"，还会跟现在的自己说什么？

我不怕衰老和死亡，因为我知道人一定会走到那一天，于是我拼尽全力在纸上写下我能记录的一切，但我害怕有一天，我看不见了、听不见了、理解不了这个世界了、无助了、悲伤了。我把每一部作品都当作最后一部，正如我总把今天当作最后一天。但就算写不完了，我也没什么好后悔的，毕竟我也曾热烈地活在当下，热情地度过了自己的每一天。

有人说，其实没必要那么努力，因为你的命运早就被上帝定下来了，你有什么牌，上帝已经为你准备好了。我不知道这世界上有没有上帝，但我知道，如果有，我爬也要爬到他身边，看看他给我的那张牌是什么。

所以时间会给我们什么？时间只会给每个人增长年岁，而你，可以给自己答卷。

我曾问过一个朋友，问她为什么那么努力地去改变命运。

她的回答是：因为时间从来不是朋友，它是敌人，我们无论做什么，时间都在消失。所以，真正的朋友并不是时间，而是你自己。

没有退路，
才有出路

出书对我来说有一个好处，就是可以出来见见人。每次出完一本书，我都想来跟大家见见面。其实也可以不出来，作者躲在作品的后面也未尝不可，但总有一些声音会说：这本书的作者不重视这本书，像这个孩子是被领养的那样。

我真的很喜欢跟读者见见面，这样我更能知道下一步我该走向哪里。每本书都有属于自己的使命，每个人也都有自己的归宿，我想我的归宿应该是表达，是书写。如果说《人设》这本书是我文学使命的开端，那么《你没有退路，才有出路》应该是帮助更多人成长的开端，这其实也符合我自己的两个身份：作家和老师。

这本书最需要感谢的人是石雷鹏，因为它的内容源于和石雷鹏的一次交谈。那时我每天都很累，不想再带新的学生。于是当时我不再上英语课了，石雷鹏找到了我，把我叫到一个直播间，语重心长地说："尚龙，你好歹上点儿什么吧！因为大家都知道我们是三剑客，我跟尹延还在上课，你忽然不上课了，许多人都以为你辞职了呢。"

我笑了笑，作为联合创始人之一，辞职能去哪儿呢？

石雷鹏说："重要的不是去哪儿，而是如果圈内人知道你辞职了，就总会有人来给你递橄榄枝，让你去他们那里，万一别人给的工资比考虫高，我怕你作为联合创始人也会心动。"

我有些不高兴，因为石雷鹏这个我多年的兄弟，完全不了解我，我是一个早已经不喜欢钱，早已脱离了低级趣味的人。于是我说："石老师，您放心，考虫这个孩子是我最爱的孩子，现在这个节骨眼儿上，谁请我去我都不会离开的，何况真的没有人请我。"

石老师语重心长地说："还是你重情义。最近好多人在找我和尹延，希望我们能有机会去他们那边干，价钱开得都很高。"

这回换我语重心长了，我说："方便的话，也可以把这些人的微信推给我。"他鄙视地看了我一眼，我赶忙说："我可以到敌人内部去一探究竟。"

当然，石雷鹏没有把那些人的微信推给我，我也没有去其他地方，因为我真的不喜欢钱——我爱钱，喜欢就是放肆，而爱是克制。

于是在 2018 年的暑假，为了避免这种声音的出现，我开了一门课："重塑思维的十五讲"，每一节课都在以干货的形式讲述青春里最容易迷茫的事情。我查阅了将近五十本书，去寻找问题的答案，这门课第一轮有二十多万学生参与。很快，我们开了第二次，我打包升级后，又有十多万人参与。第三次更新时，我们大胆收了费，一个人九十九元，但就是这样，也卖了快一万人，我很激动地跟石雷鹏说："你看看哥们儿的影响力。"

石雷鹏笑了笑说："你拉倒吧，拼团才九块九一个人……"

就这样，考虫网总是把我当作流量入口，而我也不难过，因为更低的价格能让我与更多的人交流，但偶尔也会感觉自己一次又一次被石雷鹏坑，自己的商业价值被情怀化。每次我开点儿什么课，总有学生问我几个可怕的问题："龙哥，你卖吗？""你怎么卖？""你卖多少钱？"我总对自己的职业产生怀疑。

我在考虫网这些年，几乎都是公司的吉祥物，什么课便宜、免费都把我弄出去，拉一波流量。久而久之，我的粉丝总觉得我一开口就应该是沈腾那句：我是亿万富翁，我摊牌了。所以比起上课，我更喜欢写作，因为写作是一种单纯简单的表达方式，我不需要考虑那么多商业上的事情，更不需要整天在意别人的声音。

就如我的那本《你没有退路，才有出路》。

一晃，我和磨铁图书的潘良老师、七月老师已经合作三四年了。潘老师我们认识得更早，他是我见过的为数不多的极为专业的出版人之一，和他们合作这些年，基本上没有一本书是按照我的想法来定的名字。当然，我也想不出来更好的名字。这一次，他们把我的《重塑思维的十五讲》这么好的书名，改成了《你没有退路，才有出路》这个更好的书名。

尹延第一次拿到这本书时，书上压了个杯子，把中间几个字挡住了，于是他当着全公司的面说："天啊，尚龙出了本书骂我，叫《你没有出路》。"

这个书名确实起得不错，在出版圈有一条悖论：不要根据一本书的书名判断这本书。因为书名是商业概念，是为了吸引你购买的；内容却是文学概念，是为了帮助丰富你的灵魂而创造的。

那么，我们先从主题"你没有退路，才有出路"说起。

当你又忙又累，
必须人间清醒

1.

我们都曾经没有退路。

我的微博每天都能收到很多同学发来的私信，告诉我自己过得多么悲凉，多么无奈。

但其实，来到北上广，谁还没有被逼到绝境过？没有一个人哭过的夜晚，不足以谈人生。如果没有几个失眠的晚上，青春都不完整。

我和尹延、石雷鹏是在 2015 年时持续失眠的。

我失眠时会打开电脑，开始写作，然后在凌晨更新一篇文章。

尹延是打开 QQ 群，陪同学们一起背单词，背高兴了就唱首歌，然后等所有学生睡了，自己喝一杯酒。

石雷鹏不一样，他在床上辗转反侧，翻了两次身，竟然就睡着了。

可见，我们的性格很不同。那时我们刚从老东家辞职，对未来一无所知。

辞职时，我们仨没有给自己留太多退路。那年寒假班刚刚结束，我跑去尼泊尔旅游，尹延跟石雷鹏两个人递交了辞职报告。我在国外正玩着，接到了部门主管的电话，其实那时我还想苟延残喘再带两个班赚点儿钱,没想到主管说了一句话:"尚龙,他们俩都辞职了,你也走吧。"

我说:"好的,祝您身体健康。"

我们三个辞职之后就绑在了一起,谁也不离开谁了。

那段日子很辛苦,线上上课虽然给了我们身体上的自由,但同时我们需要应对的东西更多了。我们认识了来自更远的地区的学生,接触到了基础更糟糕的孩子,同时,我们也更累了。就在那时,我们接触到了当时还叫选课网的团队,于是和他们共同创立了考虫。

我依稀记得那个下午,尹延把我和石雷鹏叫到一家咖啡厅,喝了一下午的咖啡。他给我们讲了一个宏大的故事,告诉我们通过我们的努力,有可能改变中国教育。我们热泪盈眶,最后咖啡竟然还是我埋的单。

之后我们二话没说,全身心投入了考虫的事业。就这样,我们没有退路的三个人,反而有了出路。直到今天,我们三个都已经不再是简单的英语老师,至少多了一个身份:创业者。但当我们和各位同学相聚在一起时,总容易想起那时没有退路时的绝望和决心。我想,有了绝望,才会绝地反击;有了决心,才能决一死战。

这些年,时光从未宽恕过我,但好在,我们也没有宽恕过时光。我知道时间是敌人,所以我总会善待自己:世界不给我们出路,我们就自己造一个,而没有退路的结果,竟然是多了条出路。

在三十岁时,我总会做着一些穿越回过去的梦,如果真让我穿越回二十五岁,给那时的我一个建议,你们猜我会说什么?

我会说,尚龙,你要坚持,不要给自己留退路,你的未来会更美好?

不是。我想说的是,尚龙,亲爱的龙哥,你太冒险了,虽然你走出来了,但有时候,有退路时也可能有出路,风险太大,容易让自己走投无路。

2.

是的,我最想说的是,有退路,其实也可能有出路。

我曾经被一个同学问过这么一个问题,他想跳槽去另外一家公司,是应该裸辞还是直接去?我的答案是,骑驴找马,这样更安全。我曾在动物园里观察过猴子爬树,猴子在爬树的时候,一定是先扒住一根枝条,在踩稳之后,再去够另一根更高的,你瞧,这是连猴子都知道的道理。这在职场中叫永远给自己留后路。这个方法,能避免很多危险。护好自己拥有的,再去追求没有的。

但是，这个方法不推荐在爱情中使用，你最好别有个男朋友，还在外面浪啊浪，找一个更好的男朋友。这样找来找去，你并不会找到一个更好的男朋友，最多跟人家敬个礼握握手，人家说句，你是我的好朋友，接下来就再见了。

其实，人不用把自己每条路都堵死再谈出路，因为这样很容易把出路变成死路。

回到 2015 年那个夏天，我们几个都太冒险了。我不敢想象如果创业失败会是什么样，但我很清楚，如果创业失败，我大不了通过写作谋生，石雷鹏大不了回学校继续去做学术。里面最惨的，就是尹延，该男子除了一心一意上课，就只剩下卖萌了。

这么看来，其实当年我和石雷鹏都给自己留了退路，而尹延才是真正意义上的没有退路，才有出路。

我和石雷鹏的价值观是：有了退路，也能有出路。

你看，人就是这么奇怪的生物：我们选择性地遗忘，然后用一些简单的语言去覆盖过去复杂的经历。我们每个人都在用现实的举动，操作不同的价值观，但带来的结果竟然是一样的。

于是我们发现，有了退路，竟然还能有出路，这简直匪夷所思。

千万不要大惊小怪，请听我继续分解。

3.

这些年,我见过很多有出路的人,也见过很多有出息的人,甚至见过放弃一切出家了的人,这三类人有本质的区别。

我曾试着寻找这些人跟退路的关系,发现有出路的人,其实会把有没有退路看得很淡;有出息的人,往往跟家庭关系、社会机缘和自我努力有关,和退路也没什么太大关系;而出家人是真正没有退路的人,所以他们剃度了,退隐江湖了,不准备与尘世交会了。

随着我继续深究这些有出路和有出息的人,竟然又发现一个现实:他们并不是没有退路,而是他们从来没有把目光放在退路上,他们的眼睛里只有出路,只有通往成功的路。

他们从来没有想过,也早就忘记:自己还有退路。

于是他们爆发出惊人的力量。

比如尹延,他在创业初期,几乎每天都是七点就到了公司,每次我走的时候,他才从座位上站起来转转腰,整理一下发型,磨磨叽叽地离开。第二天,他还是这样。每到周末,我想跑到公司去加班,没带卡时,都是他给我开的门。他几乎住在了公司,之所以这样,是因为他的眼睛里只有未来,只有目标,而从来没有退路。

我曾在一个喝大的日子问过尹延:"你当年毫无保留地创业,想过退路了吗?"

尹延说了句我无比感动的话:"尚龙,你和石麻麻就是我的退路。有你们在,我从不想退路是什么。"

这句话说完,我的酒就醒了。我们竟然还在想着退路,真是太无耻了。

所以,当一个人的眼里盯着的都是出路,往往不会太在意自己的退路在哪儿。对于我来说,在一个快速发展的世界里,总会和身边的高手们一起奔跑,人一跑起来,路就宽了。但凡路宽了,也会越跑越顺,越跑越远。专注力十分重要,而退路太多的人,不容易有专注力。

回到最初,如果说让我给二十多岁的自己一些建议,我的建议只有两个,现在也送给大家:

第一,永远盯着出路,不要把眼光交给退路;第二,永远跟着时代的齿轮一起旋转。

盯着出路,就是把注意力永远放在可能上,要把眼光永远盯着目标,而不要总是看着自己的缺点,想着如果失败了该怎么办。

跟着时代的齿轮,就是用最年轻的时光,陪着这个时代一起运转。无论时代走到哪儿,请记住,押上自己的筹码。无论

当你又忙又累,
\ 必须人间清醒

掉过多少眼泪,无论曾在深夜中哭泣多少次,放心,那些难过的日子,都会通过你的坚持,在未来的某一天变成美好,一次性还给你。

不要用自己的标准
去衡量世界

1.

五年前,我决定不再养猫了。

不是因为我不爱猫,相反,我太爱它们,所以我觉得它们应该换个更有时间的主人。我的第一只猫叫 fox,陪了我很多年,但我每天都很忙,白天几乎不在家里,往往到家时已经是深夜,它还是会跑过来蹭着我喵喵叫。我不想由于我的原因而导致它没有人照顾。于是,在一个白天,我给一位朋友打了通电话,沟通了半天后,我把猫送到了她家。

没有猫的生活一开始很难适应,因为我必须面对回到家的孤独。但久而久之,也就习惯了,尤其是当我选择把家搬到公司附近时,工作就成了生活的全部。

但我要讲的不是这个，是接下来的事情。在一次聚餐时，一位熟人喝了两杯酒，问我家里的猫怎么样，我说我送人了。

接下来戏剧性的一幕开始了，她一开始有些惊讶，但很快冷静了下来，跟身旁的朋友说我是一个没有爱心的人，竟然把猫送人，猫怎么能送人呢？

接下来他们开始讨论，我是不是一个没有爱心的人。他们一致认为养猫养狗的人就是有爱心的人，而把小猫送给别人的我一定是没有爱心的人。

我坐在一旁，微笑着听他们讨论，仿佛他们在谴责别人，不一会儿，我已经喝完了一瓶红酒。

他们几个人都有养猫养狗的经历，一谈到宠物，像是有无数的话。

我又开了一瓶红酒，这一回，我一口气干了小半瓶，忽然间开始思绪万千。

我思考的不是爱心问题，而是另一个严肃的问题：我们是从什么时候开始，变得如此不包容的？

2.

我曾读过一本书，叫《非暴力沟通》，里面提到给别人下定义是最暴力的沟通方式。观察身边，会发现有很多人正是这么做的。

不知道从什么时候开始，我逐渐发现这个世界上有很多人正在拿自己的价值观强行衡量着别人。

就好比自己养猫，别人没养，别人就没有爱心。可是我们仔细捋捋就会发现，这逻辑很奇怪，不养猫不代表没有爱心，因为有没有爱心不应该通过养猫养狗来证明的，一个人也可以通过做公益、做对社会有意义的事来表现爱心。遇到弱者拉一把，遇到老人扶一下，这些都是爱心的表达。

但为什么这么多人喜欢拿自己的价值观来衡量别人呢？

因为，第一，这是人们的沟通习惯，这样给别人下定义，比较简单；第二，所有令人讨厌的沟通的本质，都是自我炫耀。

我不能理解一些为了一只猫一只狗，在网上要杀人的人，你可以谴责，可以严肃讨论，但不能动不动就要别人死。你可以养宠物，我也有不养的权利，但很多充满着暴力和强制的价值观，都在表明一个观点：你必须和我一样，如果不一样，你就不是个正常人。

这样的观点，正大肆弥漫在这片土地上。

但事实往往不是这样的。

比如你可以在三十岁结婚生子，但你不能说三十岁没结婚生子的人有病。

比如你可以穿长袖，但你不能说穿短袖的人是不对的；你可以不喜欢打麻将，但你不能冲到别人家把别人的麻将桌掀了；你可以只吃素，但你不能说吃肉的人都没有良心。

可惜的是，我们这个时代，越来越流行这样的价值观：以干涉别人的价值观来凸显自己的价值。这样是不对的，尤其是站在舆论制高点的一些人，那种道德绑架，实在令人不舒服。

在不了解别人的生活时，请先闭嘴。你可以分享自己的生活，但不要点评别人的选择，这是起码的教养和尊重。

3.

在我喝完第二瓶红酒时，终于理解了什么才是尊重。

他们还在叽叽喳喳地聊着猫和狗，我决定回家睡觉，因为明天还有一堆事，但我尊重他们的高兴。于是我站了起来，对他们说："你们聊，我先走了。"

他们停止了对话，看着我站了起来，又重新把注意力转向了我："你别走啊，我们还没聊完呢。你也说说啊，你把猫送给别人还会经常去看它吗？你的猫还认识你吗？天啊，你看到它看你的模样，你不会哭吗？你一个人怎么生活啊？我的天，你竟然喝了两瓶红酒……"

我说:"我真的要走了,明天还有事情。"

他们说:"啊?我们都没喝呢,你喝了两瓶。明天也没啥事儿,再待一会儿吧。"

于是,那天,我终于决定要说两句。我说:"你们看,你们总是这样,用你们喜欢的价值观来衡量别人,就好比你们在养猫,就认为这个世界上每个人都应该养;你们没结束一个饭局,就希望每个人都跟你们一样,第二天没事现在还可以再喝两杯。可问题是,我们还真不一样,明天虽然是周末,但我确实有很多事。因为我懂得尊重,所以你们在说话的时候,我虽然不同意你们的观点,但我没有反驳,而是默默喝酒;你们继续聊天的时候,我依旧不喜欢你们的话题,但我没有尽力去改变你们的选择,我只是选择先回家;我选择了一种忙碌的生活方式,我也没有强行灌输我的价值观,告诉你们周末其实也应该努力。我觉得所谓的尊重,是基于彼此不同的基础上依旧尊重对方的选择,不去胡乱点评别人的一切。我们可以求同,但是也要存异,这是起码的尊重。尊重的前提只有一个,就是允许别人和自己的不同,对吧?"

我也不知道我怎么说出那么多话,只知道那天说完这些话,我还是走了。在路上,我的脑子飞速运转着,忽然感到一丝无奈，我怎么会来这个局？但好在，你有不包容我的自由，我也有转身离开的自由。

回家的路上我一直在想，这个世界，是从什么时候开始，变得如此不包容的呢？

好像就是在互联网运用得越来越频繁之后吧。

这些年我时常在网上看到持有不同意见的两伙人吵到天翻地覆，但追本溯源，仅仅是因为一点点无聊的事情，吵着吵着，就上升为两伙人互相人身攻击和谩骂了。

互联网正在把人群分成一个一个的小块，每个小块里都有自己的同胞，只是这些小块都被一个个隔板封闭住，谁也看不到对方小块里的世界。

于是，不同产生了，误解产生了，矛盾产生了。

如果我们把每个小块都想象成不同的颜色，这张地图将会是多么绚丽多彩。可是，为什么非要在不理解别人的前提下，强行把别人的小块画成自己的颜色呢？

单一的颜色，好看吗？

曾经有位家长对我说，他完全不懂二次元，不知道这些小孩为什么要花那么多时间在这上面。我说，我也不懂，但我知道，如果我不了解，我唯一能给他们的就是尊重。

花点儿时间去了解自己爱的人的世界，如果没空了解，有时候不发表评论，不去干涉，就是一种尊重。你可以跳你的广场舞，我可以玩我的二次元，我可以看我的NBA，你可以看你的《新闻联播》，只要互不干涉就是最好的尊重。

4.

我在网上看到过一条留言，让我很感动。一个女孩子问自己的妈妈："妈妈，你生我的时候疼吗？"妈妈说："很疼，疼到今天还记得。"于是女孩子说："妈妈，我以后不想生孩子。"妈妈说："女儿，你长大后自己选，只要你开心就好。其他的，妈妈不干涉你。"

我不知道这个妈妈在孩子长大后是否也能保持这样的开放态度，但只有开放和包容，才能养育出更好的下一代。

我们总是担心什么会毁掉下一代，说互联网毁掉下一代，手机毁掉下一代，我觉得大可不必，只有上一代的胡乱干涉，才会毁掉下一代。

我在线下上课的时候，时常鼓励大家表达自己的观点，有一次一个学生说："老师，我不能瞎说，万一错了呢？"

我说："首先很多问题不一定有对错；其次，在课上一定不要停止探讨。你可以无限制地表达自己的观点，同理，我也可以,我们可以碰撞,只有这样,我们才能离真理越来越近。"但可怕的是,在我们的生活里,有多少人刚刚开口,就被别人死命地封住了嘴;有多少人刚刚开始思考,就被别人死命地盖住了头。

什么是尊重,我所理解的尊重就是不要以己度人,不要用自己的标准去衡量世界,不要用自己的道德去评价别人,要接受世界的多样性,要习惯于从不一样的人身上学到些什么,要明白,这世界除了自己之外,还有更多不一样的个体。

因为如此,这世界才缤纷多彩,灿烂迷人。

"

PART. 5

时间会给每个人最公平的答案

把每一天,

当成最后一天去活。

当你又忙又累，
\ 必须人间清醒

把每一天当成
最后一天去活

1.

在 2019 年除夕前的某一个夜晚，我搂着我的两位好兄弟——尹延和石雷鹏，走在夜幕下，路灯把我们的影子拉得很长。我们嘻嘻哈哈地讲着一些生活上的笑话，用尽全力在路上走出直线。我们想走得更快一些，这样能让风吹掉我们身上的火锅味。

我们一边晃晃悠悠地走，一边笑着聊过去的故事，这是我们自创业以来第 N 次喝多，创业把我们拉得更近了。

这一次，又到了年底，又是一年结束时。

2019 年，考虫做得并不好，我们没有完成资本给我们定的增长任务，我们甚至在这么大的公司里逐渐迷失了自己的方向。

Part.5 /
时间会给每个人最公平的答案

但好在,每次我迷茫的时候,跟他们相聚,哪怕找不到方向,也能让我的心安静许多。

走到路口时,我叫了两辆车送他们回家。我的酒量比他们好,我对他们说:"谁叫我还这么年轻呢。"离别时,我拥抱了他们,对他们说,"谢谢二位,有了你们,才有了考虫的今天,才有了我的今天。"

他们嘻嘻哈哈,笑着说"下次见"。

这样的聚会,其实是我们三个的常规相聚,这样的相聚,几乎每个月都有好几次。我们都认为,只要有话说,就不要在电话里讲,当面讲,最简单。

我和尹延、石雷鹏认识了很多年,在新东方时他们就很照顾我。那时我还是年龄最小的老师,我刚来的时候许多老教师说:"太可怕了,我们竟然要和'90后'搭班!"再看看现在,"90后"已经成为各大公司的中流砥柱了。

那时的我还不会讲课,他们就教我该怎么备课带学生;后来我们做线上教育,也是他们告诉我应该怎么做才能贴近这个时代。这些年,我的进步很大,但只有他们知道,在进步太快的情况下,人是容易迷茫的,因为接受的知识越多,见到的人越杂,脑子里就会越乱。

就像《你当像鸟飞往你的山》的作者塔拉·韦斯特弗写的那

样，当一个人后来接受的教育和之前的常识产生矛盾，人是会崩溃的。好在，我有他们，作为我人生的指路明灯。

在过去的几年里，每次新年前，我们都聚在一起喝点儿酒，有时多，有时少，一开始聊天很拘谨，酒过三巡后就会无话不谈。

这好像已经成为一种习惯，一种不会断裂的重复循环，一种就算断裂依旧会持续的永恒，这样的永恒，令我踏实无比。

于是离别前，我也跟往常一样，和他们说："下次再见。"

毕竟，过一个年，不会过太久。

2.

在 2020 年刚开始时，我相信所有人都会跟我一样想，下次相见不会太久。

谁能想到，下次相见却让我们等了这么久。

2020 年，对每个人来说，都是一个漫长无比的年份。从过年开始，大家都无法出门。一直到年后许久，打开地图路况，北京的街道还是一片绿色，畅通无阻。我们在那次别离后许久都未见面，偶尔在网上聊聊天，打开视频喝上两杯酒，网络延迟却把三个人聊天的节奏打乱得无比尴尬。尹延说他一个人在家特别费酒,一箱子酒很快就没了。我说我不一样,我一个人在家,一滴也不喝。石雷鹏在视频另一头默默地喝酒。三个人虽然在网上聊天,但总是找不到过去的感觉。

就这样,一场疫情,让曾经把酒言欢的岁月,变成了独自一杯酒喝整晚的日子。

自那次分别,我们许久没有重逢。

不知从什么时候开始,我竟然渴望开工,渴望去公司工作。我知道,我并不是热爱工作,只是受不了长时间跟朋友分离,受不了曾经的拥有会忽然断裂,看不到被接上的可能。

3.

直到很久后的一天,四六级考试出成绩了。按照惯例,我们三个需要在一起做一场讲座,因为有太多学生需要听我们对下一次考试的分析,需要听我们对他们这个阶段学习计划的建议。

公司同事希望我们各自在家工作,等一个人讲完另一个人再用同一个账号登录,这样三个人就能顺利完成这次讲座。

但不知为什么,我们都拒绝了,就像是异口同声在回答:我们还是在一起吧。

于是,在层层登记和做好消毒准备的情况下,我们三个人来到了公司。

这次相逢,太难得了。

我们讲得很嗨,讲完后,临走前,我对他们说:"我这儿有瓶金门高粱,等这一切结束了,我们一起喝。"

他们点点头,从他们的眼神里能看出来一些复杂的情绪,那或许是一种希望。这些年我在北京一直没买房也没买车,他们说要开车送我回去,我说我自己打车就好。于是,我走在朝阳门附近的马路边,看着昏黄的路灯,想起曾经的岁月,那些微笑,似乎离我很近,又离我很远。

晚上,我看到尹延发了条微博,上面写着:"希望时光定格在此时吧。"下面配的是我们三个人的合影。

其实,我们谁也不知道能陪对方多久,也不知道接下来的路还会不会是我们几个人并肩走过。我们只希望,时光可以定格。感谢共事的日子,那是这辈子最美的青春。

4.

这次疫情来得很快,快到没有人真正做好准备,就已到位了。

我在家翻阅了历史书才发现,人类和病毒从来都是冤家,此消彼长。从霍乱到鼠疫，从禽流感到新冠，我们从来不知道未来病毒会进化成什么样。

天啊，这多么像我们的人生，我们以为的明天，或许不会再来了。

可悲的是，包括我在内，有太多人总觉得一切可以被掌握，一切可以被复制，一切都会永恒。

不是，这一切，其实都只是恩赐而已。

如果我早就知道这一切都是恩赐，会不会充满感激地过每一天？

人是容易养成惰性的，总是在一团乱麻中寻找确定感，然后在一堆不确定的确定感中寻找一些所谓的规律，误以为这些规律可以永恒运行。

记得在某一天，我给父亲打了通电话，我问他："这世界上的人和事，是不是都在变化？"

他对我说："是的。"

我说："有不变的吗？"

他说："唯一不变的，就是改变。这不是你写的吗？"

我说："我一直都懂，但还是不愿接受。"

父亲说："所以，我们要学会的是两件事：第一，要知道这一切都在变化；第二，拥抱它。"

直到今天，我都不知道第二条到底是什么意思，但是我能大概猜出来：所谓拥抱变化，应该是要学会改变自己，去适应变化，并把这些变化拥入怀中。如果这世界唯一不变的就是改变，那么让自己足够强大，强大到适应每一次改变和物是人非，人也就不会被伤害了。

挂了电话，我给父亲发了条微信：可是，并不是这样，就算我再强大，当一个人离开，我还是会伤心；当一个时代落寞，我还是会流泪。

父亲告诉我："有时候你必须接受时间的无情和意外，就算你多么不肯，时光都是残忍的，该离开的，谁也挡不住。"

这让我想起去年爷爷去世，我想，我知道父亲在说什么了。

5.

有一本书里说："不管我们承认还是不承认，我们都是会分别的，因为我们都会离开这个世界。"现在回想起来，这是多么残忍的一句话，当这一切都生机盎然时，我们选择追逐名利，选择为了赚钱不择手段，到头来，却发现这一切都带不走。

所有的一切，都带不走，都会离我们而去。

2020年，我减少了许多社交活动，闭门在家，有了更多的思考时间。

记得当时读军校时，军训有个项目叫站军姿，一站就是一个小时。那段时间虽然身体一动不动，思绪却能无比清晰，很多想不明白的事情，那时都能理顺。但随着自己越往高处走，属于自己的时间就越少，越难有这样的时间去想明白一些事情。资本推着我走，团队拉着我奔跑，我无暇顾及那数字世界以外的东西。

好在这段时间，我忽然意识到一些事情：比如我可以不那么忙碌，比如许多聚会、饭局是可以没有的，比如我可以多一些时间陪伴自己的家人，比如这一切都可以是那么不一样。

最重要的是，这世界原来每天都是那么不一样。

6.

我曾经写过，把每一天当成最后一天去活。

但随着日子开始平淡，人生的高楼大厦开始建起，我逐渐被生活逼迫着开始这么思考：去他的最后一天，我们还能活很久，久到我们可以随意安排每天的生活，久到可以让每一天都一样，久到可以把任何一件重要的事情都托付给明天。

直到一些事情忽然提醒了我，直到一些人的离开忽然提醒了我,并不是。

曾以为一切都会永恒,殊不知,人确定拥有的,只有此时此刻,愿我们都珍惜。

只有失败过的青春，
才有特殊的意义

1.

我曾经很讨厌下雪。

北京，很少下雪。但每次下雪，我都印象深刻。就像一个很少发脾气的女朋友每次发脾气，都会令人难忘，让人觉得是不是自己做错了什么。

我不喜欢下雪的原因很简单，都说瑞雪兆丰年，但每次下雪，我都要跟着队伍一起打扫卫生。在读军校的日子里，当白色的雪花飘落在地面时，同学们就会抬头看看这茫茫大雪，再回头看看身边的兄弟，绝望地说道："天啊，又要打扫卫生了！"一群男人在一起时，没有人看见大雪会有浪漫的感觉。

北京的雪不大，雪飘落在地面，很快会化成水，温度一降，就结成冰。

冰是最难清除的，有时你用尽全力，却只能凿破一个小口，温度一降，这口又合上了，白费功夫。

上学时，我是害怕下雪的，因为下雪代表着寒冷，代表着劳累，代表着中午又不能午休。

我听过很多同学这么抱怨过：北京，你能不能不要下雪？能不能安安静静地度过一个冬天？能让我们赶紧回家过年吗？能让我们尽快见到女朋友吗？

我也曾经抱怨过，责备过，但现在想起来，那时的无知真的很可爱。谁能阻止大雪纷飞？谁能暂停白雪皑皑？

无知是有趣的，也是无奈的，我想起兄长宋方金的一首诗《鹅毛大雪》：

很多年前我的确见过鹅毛大雪

但请原谅我无法向你们描述和形容

我的困难在于

一、你们没有见过大雪

二、你们也没有见过鹅毛

是的，人是改变不了环境的，唯一能做的，是改变自己。

2.

后来我从军校退学,当了英语老师。又是一个冬天的夜晚,我刚下了课,回答完学生的问题后走出校区,抬头一看,下雪了。

雪花落在我的脸庞,我看着附近房屋的屋顶,竟然是白茫茫的一片了。

雪下了多久?今夜,又有多少人会相爱?

我背着包向地铁口走去,雪飘落在我身上,有些化了,有些留在衣服上,有些和我擦肩而过,像极了这些年身边的人。

很快,我的肩膀和头发上,白茫茫的一片。

我好像白发老人一般走进地铁,地铁里温度很高,忽然间,身上的雪都化了。

雪变成水,水最无情,无情地渗进我的衣服,贴上我的身体,钻入我的骨髓,那一瞬间,冷到难忘。

我不知道自己过了多久才到家,但到家的第一时间,我没有更换衣服,而是赶紧检查背后的笔记本电脑是否坏了,因为明天还要上一天的课。

后来,我洗了个澡,然后开始一页页地修改第二天要用的PPT。外面万家灯火,路上行人却寥寥无几。最后一页PPT改完,我站在窗台前,看着白雪皑皑的北京城,思绪万千。这城市的地面已经铺满了白色,在昏黄的灯光照耀下,像一个害羞的小姑娘,显得格外美丽动人。

我忽然在想,明日清晨,打扫卫生的叔叔阿姨要辛苦了。

想到这儿,我穿上衣服,走到楼下,想体验一下曾经也经历过的这种寒冷。

有意思的是,我竟然看到一些还没睡觉的孩子在堆雪人,打雪仗。我靠在路灯旁边想,这时,我应该做些什么,才配得上这么美丽的城市,才配得上此时的忧郁?

于是,我蹲了下来,在地上画上一个爱心,爱心里,是一个笑脸。

我至今无法用文字描述这是个什么表情,背后是什么含义,是对自己的嘲讽,还是告诉自己,未来一定会有爱,一定会有微笑?

我抬起头,看着天上的星星,想起了《小王子》里说,星星发亮是为了让每一个人都能够找到属于自己的星星。可我的,是哪一颗?

我忽然意识到,再过几天就是除夕了。

怪不得这座城市的人越来越少,而我还在工作。想到这儿,我给父亲打了个电话。电话接通,我有些感伤,想告诉他,除夕当天我才到家。异乡奋斗的人,总在逢年过节时有着格外的乡愁。我刚准备开口,父亲说:"我和你妈在看电影呢,有事儿吗?没事儿挂了。"

我说:"没事儿……"

挂了电话,我笑了笑,上楼了。

我还记得那天晚上,我写在日记本上的那句话:别矫情,谁还没几个失眠的夜晚。

是啊,没失眠过,还谈什么青春?

我曾读过一本美国民主诗人惠特曼的小书,叫《青春是一场伟大的失败》,直到今天,我已经忘记这本书讲的是什么了,但我一直都很喜欢这句话:青春是一场伟大的失败。只有失败过的青春,才有特殊的意义。

3.

2019年的大雪来得稍晚一些。我还记得那天晚上,我刚在厦门参加完活动,穿着短袖吃完了一顿大餐,吃得汗流浃背,毕竟,厦门的海鲜太好吃了。

在机场准备回去时,看到朋友圈里许多人在说,北京今天晚上要迎来第一场大雪。他们很高兴,我却想,坏了,飞机不会晚点吧?

我赶紧跑到服务台,问能不能改签?工作人员说,不行,没票了。

见鬼,又是大雪,又是令人难忘的大雪,令人讨厌的大雪。

果然,那天好多飞往北京的航班晚点了。

我们比较幸运,上了飞机后机长才告诉我们,暂时不能起飞。于是在飞机狭小的空间里,我们整整坐了一个小时。我开始睡不着,后面的孩子哇哇乱叫,身边的大哥呼噜声震耳,还有一些大妈大爷在抱怨。我拿出一本书,一边看,一边咒骂这大雪:这么多年了,你还想怎么样?

看着看着,骂着骂着,睡着了。

醒来时,我发现身上竟然多了条毯子。

我揉揉眼,飞机已经起飞,谁给我盖的?

这时一位帅气的空少走了过来,问我:"尚龙老师,请问您想喝点儿什么?"

我大惑不解,但还是说:"有红酒吗?谢谢。"

就这样,我喝着一杯红酒,莫名其妙地到了北京。

下飞机时,这位空少把我叫到一旁,说:"尚龙老师,我是您的学生,最近一直在看您的书,咱们能拍张照吗?"

我的眼睛一下红了,我说:"好,拍!"

下飞机时，我跟空少说："谢谢你啊，没有打扰我。"

他说："这是我应该做的，那年寒假，您给我们上课时，也下雪了。"

我说："我想起来了，那是一场令人难忘的大雪。"

说完，我们就分别了，以后再也没有见过。

下飞机时，已经是深夜一点，我和助理打了辆车。

车从地下车库驶上地面时，看着白茫茫的北京，我忽然想起苏轼的一句词：

"人生到处知何似，应似飞鸿踏雪泥。"

一晃，不知不觉，我竟已走到了今天。

时间会给每个人
最公平的答案

1.

我在医院急诊室里遇到了一个男生,他个子不高,浑身是血,大拇指被折断了,刚刚缝合。他靠在墙边,坐得离我不远,还抽着烟。因为是半夜,急诊室里没几个人,我们聊起了天。

他骑摩托车飙车时不小心撞到了一辆汽车,自己被弹得老高,摔到了地上。大拇指当场摔断,其他几根手指和身上也有伤,好在没摔到头。我问他为什么要飙车,至今我都记得他对我说的话:青春不就应该这样折腾吗?

那是我第一次听人把作死说得如此美丽,那时我特别想跟他说,折腾和骨折是有区别的,但我没批评他,因为那年我二十三岁,也曾抱有同样的想法——那天我之所以在急诊室待到深夜，也是因为作死。我和一个失恋的朋友在酒吧里喝酒，桌子上一排烈酒，我俩一口接一口，一杯接一杯，直到他忽然把桌子掀了，倒在地上，口吐白沫，说着一些我都没听过的话，把五道口的老外吓得全部站了起来。

那是我第一次打电话叫120，救护车把他拉进急诊室输液时我遇到了那个手指骨折的男孩。那天晚上很多情节我都有些记不清了，只记得我的那位朋友在凌晨苏醒，对我说："我×，喝大了。"又说，"这才叫青春。"

于是那天晚上，我被两个在急诊室的人教育了什么才叫青春。

可是，青春真的是这样的吗？

自那之后，过了很多年，我都没再和这位朋友联系过。人到了三十岁这个节骨眼儿都会很忙，除非是特别好的朋友，要不然谁也顾及不到彼此。

可前段时间我忽然收到了他的微信，他找我借钱，说是要周转。那时我才知道，他过得不怎么样。都说成年人的崩溃是从借钱开始的，我觉得，成年人的断交，也是从借钱开始的。

我问他为什么要借钱，他说："没有为什么，就是需要点儿钱周转一下。"

聊了一会儿我才知道，他根本就没什么着急的事情，只是缺钱而已。

那天,我的脑子开始乱了起来,因为我想起了许多年前那个他刚刚苏醒的夜晚,他说:"这才叫青春。"

问题来了,如果他现在穿越回去,跟那个时候的自己说句话,他会说什么?他会鼓励那时的自己继续把这句话挂在嘴边吗?

说实话,我不知道。

但我知道,如果能让我穿越回那个时候,我会拍拍自己的肩膀,说:你爱喝多少喝多少,但记住,别断片儿。

因为我知道,我的底线在哪里。可惜的是,他不知道,他从来都不知道,所以他才会把自己喝进医院,才会把自己的钱花到精光。这一切原来是一个自律的问题,而不是什么青春的宣言。

如果说之前有青春当遮羞布,那人到中年了,现在的说辞应该是什么呢?我不知道,我也不敢知道,因为答案一定是残忍的。

2.

我有一次去某平台谈事,出门的时候,被一个小男孩叫住,他说:"李老师,您怎么来了?"

我看他好眼熟,他说他曾经上过我的课。我问什么时候,他说,五年前。

我忽然想起了他是谁,五年前,在珠市口校区,一个四百多人的班里,他坐在第一排,盯着我。半小时后,他趴在桌子上像是睡着了。我走过去拍了拍他的桌子,他抬起头,我才发现他并没有睡觉,而是在桌下打游戏呢。下课的时候,我和他聊了会儿天,现在我不太记得他对我说过的原话了,意思大概是:他还年轻,以后有无限的可能,所以现在不用那么着急学习,这次考试没通过,下次还有机会,未来还远着呢。

我时常会想,如果一个人可以像姜峯楠的小说《你一生的故事》所描绘的那样,能看清现在、过去和未来,那这个男孩会在那个节骨眼儿上跟自己说句什么话呢?

告诉他,五年后,你会费很大的力气,找了很多关系,才进了一家公司,拿着月薪5000的工资,每天循规蹈矩地看不到希望?还是告诉他,五年后,你并没有变得像你当时希望的那样,但是你不用担心,五年后你已经忘了自己当初的期待了?

我不知道,但无论如何,如果是我,我宁可选择沉默,因为这些话,都太残忍。

残忍的不是随着时间的推移,梦想破碎,时间推移本身,就已经足够残忍了。

这些天我跟一些朋友聊天，忽然发现，其实人越靠近中年，越能感受到生活艰难。

年轻时，做错了什么事，你可以自豪地说："我还年轻。"

可人忽然到了三十岁，就像去掉滤镜的照片，许多不堪就浮现了出来。

家里条件不好的，已经不太敢有"未来都好"的指望了；脑子不好的，再也不能装无知，装可爱了；随心所欲的，再也不能用"真性情"当挡箭牌了；慵懒散漫的，再也不能躲在梦想和未来后面了。

有时候，连一个人的贫穷都显得那么无奈，因为从前你还可以告诉别人，未来你一定会富裕起来，现在，未来已来，你依旧贫穷，又能怎么办呢？

所以我总是在课上鼓励那些二十出头的同学：珍惜青春吧，别到了中年，才忽然意识到，所有的绝路，竟然都是自己走出来的。

当然，他们并不会听我的，就像我在他们的年纪时，也不会听上一代人的话一样。

青春就是这样，有趣到令人生畏。

3.

我并不是想表达绝望,也不是想说三十岁人就没希望了。相反,我想说的是:三十岁,才刚刚开始。

准确地说,任何一个年纪,都是刚刚开始,只要你还在路上。

今天,永远是你余生最年轻的一天,所以,你还有着无限的可能。

之前跟一位1980年出生的朋友吃饭,我说自己马上三十岁了,忽然有些焦虑,他踢了我一脚,说:"你焦虑,我该怎么办?我都还在努力。"我一想,可不,人家都已经过了四十岁了,我在那儿瞎说啥呢?

他在一家外企上班,每年的工作量一点儿也不比我少。就这样,还抽时间去上商学院的课,学法语和日语。他也有他的焦虑,上有老下有小,但重要的是,他不会把这些焦虑放在以后,或者故意告诉自己和别人,以后会好的。

他说,因为人可能都没有以后,就算有以后,五十岁也有五十岁的焦虑,所以他唯一能做的,就是在现在解决此时此刻的问题,做好此时此刻的准备,不拖延,尽力而为。

这给了我很大的启发,更给了我很大的勇气。

是的,虽然我在作品里一直都不同意什么年纪就应该做什么事这样的论调,但我一直很相信因果。二十多岁做的事情,随着时间的积淀,三十多岁一定会有一个结果;同理,三十多岁做的事情,也一定会在下一个十年公布成绩。

这成绩无论是好还是坏,都怪不得别人。

扯开青春的遮羞布,时间从来都会给每个人最公平的答案。当然,这也是我在长大后才意识到的,还好,这一切都不晚。

世上最遥远的距离，是"下次"和"改天"

1.

前段时间我做了个梦，梦里我来到了2060年，那年，我快七十岁了。

我坐在一个房间里，看着镜子里老态龙钟、头发斑白的自己，怎么也冷静不下来。

于是，我对着镜子说："能让我回到二十几岁吗？"

忽然镜子里传来个声音："好。"

接着我醒了，睁开眼睛，回到了现在。感谢这世界，又给了我一次青春。

我起来刷了牙，打开了我的计划表，画掉了几个没意义的计划，删除了几项无关痛痒的日程，又加了几个今年想要去的地方。

不等了,未来不一定更好,现在也不一定最糟。查了攻略,买了机票,开始计划出行。

那天,我在日记本上写着:

> 不负时光,努力前行。这是我的第二次青春,我要再来一遍,不留遗憾。

一个月后,我到了希腊,这是我从小到大一直想去的地方。在飞机上,我捧着小时候读的《伊利亚特》和《奥德赛》,飞机降落时,我看到了魂牵梦绕的爱琴海。在米洛斯岛上,我翻出日记本,看着那两行字,写下了时间。

2.

这些年,我总能遇到喜欢怀念过去的人,因为太怀念过去,生活里总是充满着后悔:后悔没有做某件事,后悔做了某个决定……

久而久之,我越来越明白,后悔是最没用的情绪。

可是人们明知道后悔没用,为什么还要后悔?书里写过:被情绪左右的人,终将会被情绪击垮。这世上没有后悔药。连泰戈尔都说,如果错过太阳时你流了泪,那么你也要错过群星了。所以为什么要后悔？

好吧，我承认，我也是"喜欢怀念过去"的人。我动不动就会在某个夜晚，忽然想起过去的某一段时光，然后泪流满面，后悔自己当时没有再努力一些，后悔自己当时没有再大胆一点儿。

但那个梦过后，我开始明白，我唯一能拥有的只有现在，过好现在，不让未来后悔就好。

2020年年初，我整理了过去的稿子和聊天记录，忽然发现，好多人和我聊到最后都是说："改天……"好多事情也都写着："下次……"

这世界最遥远的距离，会不会就是"改天"和"下次"？

3.

一晃，"00后"读大学了，"90后"奔三了，身边的朋友不是生了孩子，就是已经结婚了，这群"90后"终于也到了上有老下有小的年纪。

越到中年，越容易感觉到自己被生活和工作锁死了。

你不敢离开手机，因为下一条信息很可能是家里突然有急事，领导突然让你加个班。

你开始每天都有应酬，每天都忙碌在家和公司之间，你不

当你又忙又累,
\ 必须人间清醒

知道自己在忙什么,就像你打开朋友圈,不知道自己该看谁的生活一样。

你越来越难以被感动,一直在微笑,却很难开怀大笑,即便喝着酒,也会觉得生活在如此清醒地看着你,你开始害怕挑战,于是努力在独木桥上平衡着一切。

你害怕听到一首过去的歌。

因为你会想起那时你才十八岁,无忧无虑,最大的痛苦不过是月考和期末考,而这旋律,正是你写作业时MP3里循环播放的那首歌。那时你刚刚拥有自己的小灵通或手机,每天用QQ聊天,那时我们刚知道OICQ没有QQ好用;喜欢的姑娘的头像还是非主流的蓝色短发,也不知道她是隐身还是不在线;那时忽然响起一声咳嗽的音效,你便会急切地打开好友页面,看是谁又晃动到了你的青春里。

那时梦想很多也很短,日光很暖也很长,天空很蓝也很远,泥土很脏也很香。

后来,时光一天天流逝,海没枯石没烂,沧海也没变桑田,你也没有成为想要成为的样子。人到中年后,只有梦想瘦得可怜,生活、工作两点一线,日子看不到头。令人开心的事变成了挤上公交、地铁、电梯,变成了一个夜晚的好眠,变成了第二天能不用闹铃就睁开眼。

4.

记得一位朋友告诉我,每天早上,他都会在书桌旁把这一天要做的事情用表格列出来,每天满满的,全是一定要做的事情,然后一件接着一件完成。家里时常乱得一塌糊涂,就像是一塌糊涂的生活那样,可在外面,还是要穿着西装,打着领带,见到别人点头微笑,就像是一切刚刚好。

他痛骂着生活,就像生活一直在折磨着他,就像自己毫无还手之力。

我在米洛斯岛,给这位朋友打了通电话,我这边是白天,他那边已经到了夜晚。他偷偷地在公司接了电话,因为现在他还在加班。我们聊了几分钟的家长里短,我给他讲了那天我做的梦,忽然,我看到了几只海鸥,从海面飞到我的脚边,它们在啄食着什么,然后又飞回了天边。我问他:"如果再让你活一次,你会怎么做?"

他说:"我这个年纪了,就别跟我再说什么梦想未来了,我们只有现在。"

我坚定地说:"真的,如果真的能再活一次呢?"

他想了想,说:"可能会多陪陪孩子,多陪陪家人,可是,我太忙了,以后再说……"

挂了电话，我给他发了条信息，很简单，现在看起来，也很矫情：

"如果七十岁的你，也这么后悔地说：'多陪陪孩子，多陪陪家人呢？'"

他回我一句："你好好玩，别骚。"

5.

人一旦站在时间的长河中去思考问题，很多痛苦也就不存在了。和时间的流逝比起来，许多痛苦都不是痛苦，许多矫情也不再是矫情。

我们都曾问过自己这个问题：假设明天是世界末日，是你人生的最后一天，你会做点儿什么？你还会恨那些你一直痛恨的人吗？你还会纠结哪个邮件没有发成功吗？你还会因为什么鸡毛蒜皮的小事难受一天吗？

越长大越发现，好像我们这代人离鸡毛蒜皮更近，离世界末日更远。

这是长大后的悲哀，你开始理解世界的真相，也慢慢明白过去的很多梦想不过是不切实际的幻想。我们越来越容易丢掉曾经的感动，但其实，我们是能唤起那些记忆的。

那个朋友很可爱，没过几天，他带着孩子去了一个他一直想去的地方。

我以为他辞职了，没有，生活才不是极端，非要在辞职和旅行中做选择。他把年假休了，要知道，这家伙已经三年没有休过年假了。这是个工作狂。

他在旅行的时候，我还在一个岛上写作，那天我收到了他给我发的信息："李尚龙，你侄子说谢谢你那天晚上做的梦。"接着，我看见了他们一家三口的合照。

他还不忘跟我开玩笑："其实那个梦是我找人给你托的，不客气。"

活在当下，多么简单的四个字，做起来却如此难。

其实，也不难，你去想想时光，去看看别人的一生，会不会让自己有所警惕，有所改变呢？

海明威说，人生最大的遗憾，是一个人无法同时拥有青春和对青春的感受。

当你有了对青春的感受时，往往青春也不在了。

后来我也慢慢明白，人没有必要一个劲儿地怀念过去，因为现在对于未来而言，就是过去。而你现在正值青春，你正在书写的，是未来的历史，是自己的自传。

不用再执着于过去，我们可以随时启程，让自己重新活一次。

告诉自己:以后的每天,都是重生;以后的每天,都要珍惜,都不要留下什么遗憾。

拥有一个
自己说了算的人生

几天前,在深夜,我和一个三十五岁的朋友喝酒聊天。

他跟我说了几句话,我很受启发,总结了一下,想一并分享给大家,毕竟我们这些"90后"也已经陆续满三十岁了,有些事,该知道了。

1.

一个人的认知,决定了他的口袋。

换句话说,你对世界的认识,决定了你可以赚到多少钱。

我们不否认运气，有时候拆迁、买彩票、找风口，都能让人赚到一笔钱，但是凭借运气赚的钱，很容易凭本事亏光。

当你的财富高于你的认知时，你的钱早晚会不属于你。因为这世界充满着资本，资本既无情又公平，无论你的运气把你带到哪里去，认知都会把你拉回起点。

所以，要玩命地成长、进步，成为精神上的富人比钱袋的富人更重要。

2.

谈恋爱和结婚是两件事。

恋爱是荷尔蒙的分泌，结婚是社会属性的完成。人一生可以爱很多人，但最好只跟一个人结婚。就算不幸有了多次婚姻，也请一定要因为爱在一起，因为没了爱再分开。但记住，婚礼办一次就行了，办多了尴尬。

3.

男孩子不要总是把"我买不起房，买不起车，你还爱我吗"这样的话挂在嘴边。

因为这句话的潜台词是：我这辈子就这样了，你还会爱我吗？

放心，女孩子一定不会爱你，哪怕嘴上说："我爱的是你啊，不是你的房子和车。"

因为，凭什么呢？

你应该说的是："我会用尽全力，给你带来幸福。"但如果实在赚不到钱，也至少做到足够努力，足够爱。

有时候我们不得不承认一个很残忍的现实：两个人赚的钱越多，感情越单纯。不要测试人性，谁也经不起金钱的测试。所以使劲赚钱，让自己生活得体，让自己和身边的人不要被现实打垮，这比什么都重要。

4.

回到婚姻，找个不作死的老婆跟找个没坏毛病的老公一样重要。

婚姻是两个家庭的事情，是合伙过日子，是忍耐，是温暖，是平静，不是波澜壮阔，更不需要气势磅礴。如果老婆三番五次把家里弄得鸡飞狗跳，抓紧走；同理，老公三番五次拳脚相加，赌博吸毒，抓紧离婚。一个人带着孩子，也能好好生活。

5.

不要总是考虑给父母买什么大件,花很多钱。送点儿小礼物,坚持送就好。

父母不需要你的大件,这么多年的艰苦生活都过了,突然给他们买个大件他们还不适应呢。买点儿简单的东西,经常买就好。

不要想等自己成功后再带父母周游全世界,抽空多打打电话,没事多回家待两天就行。

和父母保持距离,同时不要太远,正如和你的伴侣那样。

但唯一不同的是,在父母面前,可以尽量散漫些,但在伴侣面前,成天躺在沙发上,并不是一个好的选择。

6.

如果说人在二十多岁时差别还不大,那么三十岁的时候,人和人的差别就体现出来了。

重要的是,每一年,都有一次海选;每五年,都有一次决赛,你是谁,都会被重新定义。

所以,保持奔跑和保持健康,同样重要。

7.

二十几岁时,我们会感到父母不过是普通人,别担心,三十几岁时,你会慢慢明白,自己也是普通人。

他们说四十几岁时,会发现子女也是普通人。

没关系,普通和平淡,其实是人生的保护色,是生命的外壳。

许多时候,我们用尽全部努力,只为了让自己成为普通人。

但是,普通人也有自己的不普通,普通人也有自己的体面和辉煌。比如你再普通,也可以有说走就走的旅行,也可以奔赴远方看极光,也可以跳伞、蹦极、冲浪,也可以登山、潜水,发觉不一样的自己。

8.

哦,对了,这条最重要,千万别听那些所谓长辈的话。

除非,你想跟他们活成一个样。

当你又忙又累,
\ 必须人间清醒

虽然辛苦,
请继续选择滚烫的人生

在我的家里,一直有一台XBOX,这是我唯一的娱乐项目。

每次看完书,我就坐在沙发上,一边玩,一边发着呆。游戏机里只装了一款游戏,这款游戏不停迭代,到今天,应该叫2K20了。

我很喜欢2K系列的游戏,从2K07时,我和发小总能在华科大西门的游戏厅里坑一下午或一晚上,那时游戏里最火的是麦迪和科比。麦迪在火箭队,队友是姚明;科比在湖人队,队友我有些记不清了。

那时我们在准备高考,每次月考后,我和朋友就跑到游戏厅里,用科比打内线,用姚明投三分。我跟发小说,有一天,我一定要去洛杉矶，去球馆里看科比打球。

一晃，这个游戏，已经从 2007 年的版本，逐渐升级到了 2020 年的版本。

我还记得 2K10 的封面就是科比。

说实话，我已经不太认识现在的 NBA 球星了，班上的一个男生曾经告诉我，湖人队有个球员叫安东尼·戴维斯，特别厉害。他讲得滔滔不绝，仿佛那个扣篮的人是自己。我想起曾经的自己，也是这样，跟靠在沙发上的父亲说这个人是科比，那个人是麦迪。父亲只是伸个懒腰，问我王治郅怎么没在场上。

其实现在的封面是谁，对我已经不重要了，不是因为他们打得不精彩，而是因为人到中年，再也没有那么多完整的时间盯着电视直播看一场球赛，更不会关注谁又获得了两双，谁又在全明星赛里获得了 MVP，偶尔看到场上还在奔跑的勒布朗·詹姆斯我会想：这么多年了，这家伙怎么还这么能跳？

我问过一个从小就喜欢穿着 23 号球衣的朋友，为什么不再看篮球直播了，他说，那些比赛跟忙碌的中年生活隔得太远。

我问过他什么近，他说，照顾孩子，陪父母，被老板骂，听甲方话……这些离生活更近。

他今年也是三十岁，我却再也看不到他飞驰在球场上了，过去我经常带他来我家打游戏，现在，只剩我自己跟电脑玩了。

当你又忙又累，
\ 必须人间清醒

    这些年，每次打开游戏，我总会选择过去的经典球队跟电脑毫无目的地大战三百回合，让自己的大脑穿越回 2007 年到 2010 年的那些夏天。我记得在某个夏天，科比得了 81 分，他伸手向观众致意，他伸开双臂跟队友拥抱，他抛了个媚眼给台下的妻子，他笑到让所有人流泪。

    我也曾在北京的雾霾天里跟几个哥们儿约着打篮球，想找回曾经青春的感觉。但说真的，我们每个人都很难做到完全投入，就连抢篮板时也是踮着脚，不敢跳得太高，因为害怕一旦受伤，接下来的许多事情会失之交臂。我们自嘲打的是养生篮球，其实无非是那一个个"高难度动作"的进球，离我们的生活太远了。

    我时常会想起高三那年，我们这群男生模仿科比的后仰跳投，哪怕摔倒，哪怕踩到别人的脚，一周不能上课，都觉得值得，因为我们看到了围观女孩子的微笑，那是青春最美好的礼物。

    那样的日子，一去不复返，再也不会回来。

    我看过一个关于科比的纪录片，他在某场比赛踩到别人的脚，导致跟腱断裂，但还是站在罚球线上罚完了两个球才离开赛场。他对篮球的热爱，无可比拟，但凡谁有他一半的热爱，也能把自己的事情做到极致。

我们喜欢科比,是因为在他身上看到了不一样的自己,看到了光,我们希望成为他。虽然他也会老,也会虚弱,但他的热爱从来不减。

可是,这一切都在变化。

2020年1月26日,北京时间凌晨四点,我朋友圈里有人在说,科比去世了。我看到这条信息后,还一度以为是假新闻,当确定这是真的时,我久久不能平静,走到客厅,打开了游戏机。

我记得上次听到科比和凌晨四点,还是他在说凌晨四点的洛杉矶。

我一边打游戏,一边泪流满面。

原来,我们谁也不知道,意外和明天谁先到来。

我给曾经一起打过篮球的朋友们去了电话,都没说几句就匆匆挂断了。一段时间后,我发现他们的生活都有了变化,有的去旅游了,有的辞掉了工作,还有一个在美国的朋友,后来出现在了洛杉矶斯台普斯球馆。

他发了条朋友圈说:"一直想来,却来晚了。"配图是科比打球的海报。

这些年,那些我们儿时熟悉的人,忽然白了头,那些陪我们长大的明星,忽然消失在人海里,忽然上了天堂,我们感到,面对生命，一切名利都是过往，一切善恶都是云烟。

我总是对岁月的悲凉充满着悲伤，虽然我经常在众人面前逗乐，却总在夜深人静时独自泪目。当意识到人终究会离别，自己终将会离开时，你就会越来越懂得，岁月流逝的底色本身就很冷。

但好在，就算这样，我们也可以选择活得精彩。

我对朋友立冬说，我不知道应该如何缅怀科比，也不知道应该如何表达一代人的逝去，因为这个时候，说点儿什么，做点儿什么都显得矫情。

立冬告诉我，不用缅怀逝去的过去，我们唯一能做的，就是让自己未来越来越好。

他还说，每个人的逝去都能让我们重启时间，让我们有机会重新检视我们的过去，重新开始那些曾经丢失的一切。

而我知道，这一年的开端很糟，甚至不会比这更糟了。但好在，触底一定会反弹，悲伤到极端，总会有微笑。

时间的底色注定是悲凉的，无论多少欢声笑语，也没法掩盖曾经灰暗的伤疤，但请相信，我们可以选择乐观。比如我们可以选择未来要怎么活，可以选择现在要不要拖延自己想做的事情。

未来，我们还会跟很多的人说再见，但请相信，我们也会和更多的人说早安。

不知怎么,我还是愿意固执地相信,后面的一切会越来越好,就好像冥冥之中,有人告诉我的那样——

无论经历了什么,请你相信,一定会越来越好的。

图书在版编目（CIP）数据

当你又忙又累，必须人间清醒 / 李尚龙著. -- 北京：北京联合出版公司, 2021.8
ISBN 978-7-5596-5430-4

Ⅰ.①当… Ⅱ.①李… Ⅲ.①成功心理—通俗读物 Ⅳ.①B848.4-49

中国版本图书馆CIP数据核字（2021）第137510号

当你又忙又累，必须人间清醒

作　　者：李尚龙
出 品 人：赵红仕
责任编辑：牛炜征
封面设计：郭旭峥

北京联合出版公司出版
（北京市西城区德外大街83号楼9层　100088）
嘉业印刷（天津）有限公司印刷　　新华书店经销
字数164千字　880毫米×1230毫米　1/32　9.5印张
2021年8月第1版　2021年8月第1次印刷
ISBN 978-7-5596-5430-4
定价：49.80元

版权所有，侵权必究
未经许可，不得以任何方式复制或抄袭本书部分或全部内容
本书若有质量问题，请与本公司图书销售中心联系调换。电话：（010）82069336